HOW TO READ A TREE

如何阅读一棵树

CLUES AND PATTERNS FROM BARK TO LEAVES

探寻树木的生命密语

[英] TRISTAN GOOLEY 特里斯坦·古利 —— 著

四木 —— 译

上海社会科学院出版社
SHANGHAI ACADEMY OF SOCIAL SCIENCES PRESS

致我的教子，乔伊、赫克托耳和杰米：

愿你们拥有愉快的航程！

CONTENTS
目 录

前奏　阅读树木的艺术　　　　　　　　　　　*1*

第一章　魔法不在名字里　　　　　　　　　　*5*

第二章　一棵树就是一张地图　　　　　　　　*7*

第三章　我们看到的树形　　　　　　　　　　*27*

第四章　消失的树枝　　　　　　　　　　　　*46*

第五章　风的足迹　　　　　　　　　　　　　*80*

第六章　树干的身材管理　　　　　　　　　　*94*

第七章　树桩观察指南　　　　　　　　　　　*115*

第八章　树根的隐秘生活　　　　　　　　　　*131*

间奏　如何观看一棵树　　　　　155

第九章　多变的树叶　　　　　　162

第十章　树皮之书　　　　　　　193

第十一章　隐藏的季节　　　　　215

第十二章　遗失的地图　　　　　253

终曲　读懂树木的密语　　　　　277

树种识别　　　　　　　　　　　283

信息来源　　　　　　　　　　　300

参考文献　　　　　　　　　　　306

致谢　　　　　　　　　　　　　308

译名对照表　　　　　　　　　　310

● 前奏

阅读树木的艺术

树木渴望告诉我们很多事情。它们既想告诉我们关于土地、水分、人类、动物、天气和时间的故事，也想同我们分享它们自身所经历的痛楚与喜悦。树会讲故事，但只讲给那些知道如何阅读的人听。

多年以来，我醉心于收集各种能够在树上观察到的有意义的特征。这受到自然导航[1]的影响，我喜欢依靠树木来辨别方向，比如说，枝叶稠密的一侧就是南方。河边和山顶长着不同的树种，它们在为人类绘制地图，我痴迷于了解这些地图形成的原因。因此，我对那些隐藏在眼前的线索和模式充满好奇。

有两棵看起来一模一样的树吗？没有。为什么？因为极其相似的植株在大小、形状、颜色，以及树上的图案等方面，总是存

---

1 自然导航：即以自然界的"指南针"来导航，比如植物为了获取更多的阳光，会使其叶子或者枝条朝向有阳光的方向生长，这就形成了一个天然的指南针；树皮上的苔藓也可作为指南针，它们通常在树的北面生长。（本书脚注中星号均为作者原注，数字均为译者注。）

在细微的差异。树上与众不同的地方能够引起我们的注意，这是我们窥探树木生长历程的线索，也是我们了解脚下这片土地的机会。一方水土养一方树木。

小细节能窥见大世界。如果你在树叶上看到一条明显的白线，这表明附近有水源。过不了多久，你就会看到河流。像柳树等生长在水边的树种，叶子上都有独特的白色脉络，好似溪水在叶片上汩汩地流淌。

我写这本书的目的，是希望我们能够全身心地参与到阅读树木的艺术中，学会在鲜有人关注的地方找到意义。一旦留意到那些连树木自身也无法重现的景象，就再也无法对它们视而不见了。这是一个快乐的过程。

接下来我们会遇到无数个"树标"。我鼓励你去探索这些标志，亲自寻找，才能留下深刻的印象。这些经历将会让你终身受用！

第一章
魔法不在名字里

阅读树木不同于鉴定树种，重点在于学会识别并理解某些特定的形状和模式。此时，树木的名字并没有那么重要。

我们很容易将物种（人类除外）与特定的地域联系起来，北温带和南温带就没有相同的原生物种，欧亚大陆和北美可能只有欧洲刺柏这一共有的物种。至今没有人能迅速地辨认出大部分树种，以后也不会有这样的人。

单是柳树这个大家庭，你花上一辈子的功夫都辨认不完。树有成千上万种，辨认它们要耗费大量的时间和精力，难度可想而知！识别同一科属的树可能对我们有帮助，但区分每一个树种的意义不大。

我提到的橡树、水青冈、松树、冷杉、云杉和樱桃等树种都很常见，分布也很广泛。大部分人多少都认得一些，不认识的朋友也很容易就能学会识别。如果你对树木完全陌生，还不认识橡树或松树，可以参看本书的树种识别。除非另有说明，否则一般情况下本书介绍的是北温带的情况，即包括欧洲、北美洲和亚洲大部分人口稠密的地区。

本书提到的都是同一科属的普遍特征，而非某一树种或亚种的特殊性状。如果你发现了例外，这非常好；但你也要知道，特例是普遍特征的反证。那种试图涵盖各种例外的书，读起来很枯燥，它们很快就会变成废纸，被造纸厂回收。

有些树在不同的地区有不同的名字，每个名字都与特定的文化紧密相连。原住民对植物有深入的了解，但他们的经验对于使用拉丁语的人群来说作用不大。无论我们如何称呼一棵树，都不能改变我们看到了什么，以及现象背后的意涵。发现自然界的通用语言很吸引人。我非常喜欢这样一个构想：尽管语言不通，但我们可以和其他地方的人一样理解自然。早在语言出现之前，我们的祖先就已经能够流利地阅读自然的信号。

"魔法"是个多义词。它既指那些为了娱乐而表演的戏法，也指非凡的力量，一种能够化腐朽为神奇的力量。

就算我们叫不出某棵树的名字，它的树根也会指引我们走出森林！

第二章

一棵树就是一张地图

拉斯尼夫斯国家公园位于西班牙南部，这里群山绵亘，逶迤起伏，我正沿着最平缓的地带往北走。时值8月，阳光炙烤着大地，暑气蒸腾。那儿没有路，我选择的路线尘土弥漫，需要在岩石、荆豆和蓟草之间穿行。

路况很差，我必须时刻留意脚下锋利的岩石，每隔几分钟就要停下来一会儿，抬头环顾四周的景色。自古以来，人们碰到不好走的路时，都会格外留意路面；道路通畅时，则很少会看脚下。但如果你想在旅途中欣赏到更多的风景，要做的就恰恰相反，走在平路上别忘了低头看看脚下，路不好走时记得多抬抬头。不过，在崎岖的路上抬头之前，你得先停下来，否则很有可能会摔跟头！经过陡峭路段，你不得不专心看路，这时你会注意到树根，树冠的情况则无暇顾及；反之，则意味着你可以看到树的全貌，但很容易错过树根。

我环顾四周，群山之间有一处凹陷，那里地势平缓，上面有一座绿色的灯塔，那是一丛与周围环境格格不入的树。我朝着这丛树走去。鸟叫声突然响亮了起来,我看到了很多鸟儿,空中飞舞着一群灰白色的蝴蝶。空气中的味道发生了微妙的变化。我深吸了一口气,新叶与腐叶交杂的味道涌入鼻腔,我对这股浓郁的气味非常熟悉。紧接着,我注意到动物们的足迹像绳子一样聚集、交织在一起。几分钟之后,我站在一片高大的核桃树下,这是方圆几公里内仅有的核桃树。树旁有个供山羊喝水的石槽,水槽周围的地面潮湿泥泞,布满了它们杂乱的蹄印。

这些树发出了变化的信号,把我和其他动物都引到了水边。

树木是大地的代言人。如果树木发生了变化,表明水、光、风、温度、土壤、干扰、盐分、人类或动物活动也发生了变化。这些变化就像密码本,一旦掌握了它们,就能够破译树木正在绘制的地图。我们很快就会遇到这些密码本,在此之前,我们要关注两种显著而广泛的变化。

树木的"圈地运动"

离开核桃林之后,为什么我看到的大树都是针叶树?

事情得从最开始讲起,那时候地球上还没有生命,随着不断地演变,海洋里出现了藻类,陆地上出现了藓类和苔类。几亿年之后,蕨类和木贼类植物简单的叶子在苔藓上方舒展开来。

进化过程神秘莫测,天才般地解决了各种难题。研究表明,种子的出现意味着后代可以在不同的地方生长,这造就了今天我们看到的大部分植物。紧接着，进化过程中发现木质树干可以维持高水平的竞争，且不需要每年都重新从地面开始生长。砰！树就这样诞生了。

针叶树等最早出现的裸子植物[1]，将种子裹藏在球果[2]之中。大约两亿年之后，被子植物[3]完成进化，大部分阔叶树都属于这一种群。阔叶树在外观上比针叶树更多样，它们往往都有醒目的花朵，将种子包裹在果实之中。大部分针叶树属于常绿树种，阔叶树则大都会每年落叶，并于次年重新发芽。

阔叶树和针叶树很容易辨别。如果一棵树有深色的针状叶，这大概率是一棵针叶树。如果一棵树的叶子宽大扁平，看起来不像针叶树或棕榈科植物，那么，它很有可能是阔叶树。（棕榈科植物比较特别，我们后面再回过头来了解它。）

针叶树和阔叶树在许多情况下相互竞争，结构上的差异决定了哪一个群体能够获胜。一般来说，针叶树更顽强，它们可以在许多阔叶树难以生长的地方存活。常绿针叶树对光照水平要求不高，一年四季都能进行光合作用，这意味着它们在夏季凉爽、太阳直射角度低的地区比阔叶树生长得更好。离赤道越远，太阳就

---

1 裸子植物，胚珠和种子都是裸露的，松、杉、银杏等都属于裸子植物。
2 球果是大部分裸子植物具有的生殖结构。常见的松类球果呈卵形或圆柱状，鳞片木质较厚，种子可榨油或食用。
3 被子植物，种子植物的一大类，是地球上最完善、出现得最晚的植物。胚珠（种子）生在子房（果实）里，种子包在果实里不露出来。常见的绿色开花植物都属于这一类。

越弱，针叶树就越有可能占据主导地位。比如我们在加拿大和苏格兰看到的针叶树比在美国和英格兰看到的更多。*

针叶树短而薄的叶子更能储存水分，所以它们比阔叶树更耐旱。这就是我在西班牙干燥的山坡上看到很多针叶树的原因。这也是墨西哥和希腊的针叶树多于美国和英国的原因。对此我们可以做更为严谨的探究。

如果一大片区域有足以维持阔叶树生长的充沛降水，但我们却看不到很多阔叶树，那么水可能是以某种方式消失了。沙质或多石的土壤有利于针叶树，但对阔叶树而言水分流失得太快。

高地往往比山谷更干燥，因而针叶树能够占据山坡，阔叶树则沿河流分布。针叶树的绿色比阔叶树要深一些，这造成了自然景观中有趣而多彩的模式。（针叶树大多是常绿树，它们需要厚实、坚韧的表皮，叶片上覆盖蜡质，这使它们看起来颜色更深。）一条宽大的阔叶林带与河流紧密相邻，我们对此往往习焉不察，了解这一点让人非常满足。这种满足感能够激发我们继续寻找的欲望。我们知道深浅不一的绿色是标志，我们也知道颜色变化的含义，我们的大脑喜欢探索发现的过程，它会通过分泌多巴胺来让我们产生愉悦感。

植物通过树液[1]将水和养分从根部输送到高处，很多人对其

---

* 在纬度更高的地区，当我们接近极点时，情况再次翻转，阔叶树种重新出现。在这些极端情况下，树木无法全年都长着叶子。

[1] 树液，是植物内似水的汁液，大部分都是溶解了矿物质和养料的液体。

作用机制有误解。树叶的水分通过蒸腾作用[1]散失到大气之中,这导致叶片的压力低于树木底部的压力。因此,树液并不是从下往上推上去的,而是被树顶的负压吸上去的。这个系统在温和的气候条件下很稳定,但也很脆弱,因为所有植物都容易受到低温的影响。

阔叶树沿河分布,针叶树生长在更高、更干燥的地带。

即使植物在冷冻中存活下来,它的导管[2]也会在解冻过程中

---

1 蒸腾作用,指水分从植物表面以水蒸气状态散失到大气中的过程。
2 导管,植物体内木质部中主要输送水分和无机盐的管状结构。

产生气泡,或是出现气穴现象[1],从而堵塞导管。阔叶树有宽阔的导管,可以快速而高效地运输树液,但大的导管特别容易结冰。针叶树运输水分的结构相对较窄,被称为管胞[2],这种结构更耐低温(因为较小的气泡能快速地溶解)。从山脚下抬头看,可以看到阔叶树被针叶树取代的区域。阔叶树和针叶树的分界线不是完美的直线,但在分界线上方,阔叶树越来越难生存,针叶树取代了它们。

在全年温暖湿润的地区,树液没有受冻的风险,阔叶树很可能长得比针叶树好。所以,我们在热带地区看到的阔叶树比针叶树要多得多。

为什么阔叶树没有像针叶树那样进化出抗冻融[3]的导管呢?答案在于效率和生存的平衡。阔叶植物的运输系统更高效,如果它们能够生存下来,表现就会很出色。但俗话说得好,只有参与比赛才有机会获胜。若以汽车来打比方,针叶树是配备减震装置的越野车,扛得住恶劣地形但效率不高;阔叶树是公路车,效率高,但对崎岖的地形束手无策。

关于导管冻结,有几个有趣的例外。桦树和槭树是阔叶树,它们设计了一种巧妙的方法来处理树液受冻的问题。它们的导管

---

1 气穴现象,指在流动的液体中,因压力差在短时内气泡的产生与消失的现象。
2 管胞是绝大部分蕨类植物和裸子植物的主要输水结构。
3 冻融,在寒冷的气候条件下,土壤或岩层中冻结的冰在白天融化,晚上冻结,这种融化、冻结的过程称为冻融作用。

狭窄，所产生的正压能向上泵送汁液，从而避免了因冻结产生的气泡问题，这样就能在春天保持导管有效畅通。这种策略让它们能够在北部高纬度地区生存。俄罗斯的北方森林就是一个很好的例子，那里有许多针叶树，也有大面积的桦树林。压力使树液从树皮上的切口流出，为我们获取桦树糖浆和槭树糖浆提供了极大的便利。

当阔叶树被针叶树取代，极有可能是因为环境变得更加恶劣，我们可以问问自己：情况怎么样？为什么会这样？答案很可能与温度、土壤、水分有关，或是多种因素综合作用的结果，这是树木提供给我们的地图的一部分。

发现这一变化与感知心理学[1]有关。让某人描述某地的风景，他们可能会提到"树"这个词，却不会注意到树林的变化；问同一个人在同一片土地上是否有不同的树木，突然之间，从阔叶树到针叶树的转变就变得极为醒目，他们注意到了这一点。我们拥有超乎寻常的能力去决定自己关注的焦点，但取决于我们自己的选择，别人并不会在一旁提示我们思考这些问题。

---

[1] 感知心理学是心理学的一个分支，旨在理解和解释人类与其他动物如何通过感知及各种认知过程接收外界信息。

森林里的"龟兔赛跑"

我后来冒险进入了一片树林。头十分钟,我举步维艰,行进得很慢,因为我得在荆棘密布的灌木丛中摸索。它们虽然只有齐腰高,但似乎决心与我对抗到底。接下来是齐头高的山楂,往前是一些长得更高的我不认识的树,我猜测那是南欧朴。再往前走,是一些两人高的冬青栎。最后,我来到了一片高耸的松树林。

越往林地深处走,树就越高。这是因为强风不断冲击林地边缘的树,导致外围的树长得都比较低矮。最高的树往往靠近树林的中心。

林地的不同位置,树种也有差异。树林的中心和边缘生长着不同的树种。大部分树种的生长策略与龟兔赛跑相似,有的像兔子一样快速奔跑,有的则像乌龟那样缓慢前行。采取兔子策略的是先锋树种[1],它们能产生数百万颗微小的种子,一般是通过风力传播,降落在那些光秃秃的空地上。先锋树发芽和生长的速度很快,能够在新的空地抢占先机。快速生长导致先锋树未能长出粗壮的树干,从而限制了它们的高度。桦树、柳树、桤木和许多杨树都是优秀的先锋树种。

---

1 先锋树种,即那些常在裸地或无林地上天然更新、自然生长成林的树种。如樱桃、垂枝桦等。由于不耐蔽荫,往往在成林后被其他树种逐渐替代。

像乌龟一样的，是顶极树种[1]。顶极树种结出的种子比先锋树大得多，它们知道自己是在参与一场缓慢而稳定的比赛。它们喜欢从长计议，相信长远来看，自己一定能够胜出。橡树就像乌龟一样缓慢生长。我们能在树林边缘和周边空地发现先锋树种，顶极树种却长在树林古老的中心地带。成熟林地里的树有很高的树冠，在你走到林地中心，看到高大的顶极树种之前，会经过很多低矮的先锋树。

大部分先锋树的颜色比顶极树浅，树荫也更少。桦树树皮的颜色比橡树的浅得多，它们的树冠也比较稀疏，可以让更多光线穿过。光线会随着你深入树林的脚步逐渐变暗。穿过林地边缘的先锋树时，光线只是略有减弱；抵达树林深处，光线则会显著下降。

从林地的生长周期来看，长着许多先锋树的空地正处于初始阶段。随着林地不断发育，采取"乌龟"策略的顶极树种赢得了比赛，成为林地的主角。我们的后代将会在这里发现更高大的树干和更浓密的树荫。

---

1 顶极树种，指顶极群落中的优势品种。在一定生态环境中建立的能长期存在的植物群落为顶极群落。栎、槭、椴等都是顶极树种。

寻找不同树种的一些线索

集中精力,我们要开始寻找不同树种为我们提供的线索了。

1. 潮湿的地面

根部泡在水里会阻碍气体交换,影响大部分树种的生长。不过桤木、柳树和杨树等树种能在潮湿的土壤中生长得很好。

位于英格兰东部的威肯沼泽,是剑桥郡的自然保护区,也是欧洲最重要的湿地之一,里面生活着九千多种动植物。阿杰·泰加拉(Ajay Tegala)是威肯沼泽的护林员和博物学家。保护区里有一棵杨树高大挺拔、鹤立鸡群,阿杰对它了如指掌。树木很难在湿地里茁壮成长,所以当阿杰说这棵树是"湿地中最高的树"时,实际上是在间接地赞美那棵杨树。只要提起这棵树,他就会兴奋不已。

2. 干燥的地面

一般来说,针叶树比阔叶树更耐旱。不过,槭树、山楂、水青冈、红豆杉、冬青和桉树等阔叶树种,比大部分树种更能应对干燥的土壤。

有一个小挑战,要求在不同区域寻找一条路线,这条路线要尽可能多地经过不同的树种。我所在的地区遍布干燥的白垩土,我参与了这项挑战。我从家里出发,起点是一棵红豆杉,中间经过几棵水青冈、一棵山楂树、两棵冬青树和一棵栓皮槭，全程不到十分钟。若要再加上一棵桉树，得再走上好几个小时，才能在别人家的花园里找到桉树的身影，因为桉树的原产地不在这儿。不过话说回来，十分钟之内就遇到五种树，战绩还算不错。如果是在黏质或潮湿的土壤上开展这项挑战，任务就会很艰巨。你得花费大量的时间和精力，甚至有可能以失败告终。我很好奇阿杰是怎么在威肯沼泽潮湿的泥炭土里完成这项挑战的。

"任务艰巨啊！整个保护区都没有红豆杉，我敢肯定也没有水青冈。那里有少量的冬青。山楂和槭树比较多，要想看到其他树种，得走过一段漫漫长路！"

3. 超强适应力

垂枝桦既能应对潮湿的地面，也能忍受适度的干旱，这很特殊。我非常敬佩垂枝桦，它们就算扎根于寒冷潮湿的环境，依旧长势良好。

4. 是否喜光

有的树种偏好充足的光照，有的则不然。一般来说，针叶树喜欢充足的光照，阔叶树在有少许树荫的情况下长势更好。同一科属的不同树种，对光照的喜好也不尽相同。若按照喜爱程度来排序，最喜光的是松树，其次是冷杉、云杉、铁杉。

松树第一无需猜，冷云铁杉渐次排。

杨树、桦树、柳树以及大部分的针叶树，尤其是松树和落叶松，喜欢在开阔明亮、阳光充足的环境中茁壮成长。

许多喜欢光照的树在空旷地带生长得很好。例如，松树、杨树、桦树和柳树，经常远远地就能看到它们。如果它们生活在树林里，通常是光线明亮的南侧长势更好。我们经常能看到松树成排地生长在林地南侧。

5. 是否耐阴

耐阴的树都是"乌龟"，耐阴是它们生存策略的重要组成部分。一棵耐阴的树可以在喜光的树下缓慢生长，最终在比赛中超过"兔子"，投洒下自己的树荫。到那时，游戏就该结束了——"乌龟"获胜，因为"兔子"无法在阴影下存活。水青冈、红豆杉、冬青和铁杉这些树种在树荫下能够很好地存活。

比赛过程中，红豆杉对于那些试图赶超它的"兔子"置若罔闻。它们最多只会耸耸肩，在树荫下继续耐心生活，它们知道自己有获胜的能力。

耐阴的"乌龟"在投洒阴影的"兔子"的陪伴下不断向上生长。

6. 温度与海拔的影响

每棵树对于低温或高温的感知也各不相同。

随着海拔的增加，地表的气温不断下降，风速则不断提升。我们仰望高山的时候，一方面会看到阔叶树变成针叶树，另一方面也会看到所有的树种都会随着海拔的增加而变矮。我把这两种习性合称为"树木高度计"。

即使是针叶树，到了一定的海拔高度也需要艰难求生。高海拔地区的土壤极为贫瘠，工人不会在这里种树，人工林都止步于此。针叶树却可以在人工林的上方存活，但它们比山脚下的针叶树更矮小、更粗糙。树木开始变得稀疏。

山坡上的针叶树击败了阔叶树，但它们很容易受到风的伤害，因此看起来饱受摧残。在法语里，生长在高寒地区、矮小而畸形的针叶林被称为高山矮曲林（意为扭曲的木头）。再往上一点，气候对所有树来说都太残酷了，它们在树线[1]附近停下了前进的步伐。

在炎热的气候下，黎巴嫩雪松、喜马拉雅雪松和北非雪松都能在温暖的山区生长得很好。

7. 土壤偏好

约翰·伊夫林在17世纪出版了《森林志》，这是一部研究树木的里程碑式的著作。作者在第一章多次提及树木生长的土壤，

---

[1] 树线，大自然中树木能够生长到的最高海拔，标志着森林能够达到的最高点。树线的高度因地理位置、纬度、气候、地形和土壤等因素而有所不同。

不过，即便到了 21 世纪，关于土壤的研究仍存在许多空白。幸好有些模式我们很容易就能观察到。

土壤有肥有瘦。肥沃的土壤富含植物生长所需的营养物质，包括硝酸盐等重要的矿物质。贫瘠的土壤则缺乏这些必需的化学物质。

梣木喜欢湿润但不潮湿的土壤。比起大部分树种，梣木对养分很挑剔，它们需要肥沃的土壤。梣木常见于河谷，这是因为溪流附近的土壤通常都很湿润，又不至于被水淹没；再加上高坡的营养物质顺着水往下流，使得这里的土地富含养分。这是梣木最喜欢的地方。

核桃树喜欢土层深厚、营养丰富的土壤。我在西班牙山区遇到的那些核桃树找到了它们在当地唯一能够茁壮成长的区域。那是在两峰鞍部，水和养分聚集在那深厚的土壤中，恰好提供了核桃树生长所需要的物质。而如果我信手在别处抛出一颗核桃，它只会落在过于干燥、单薄贫瘠的土壤上，根本无法扎根生长。

榆树也喜欢肥沃的土壤。

土壤的 pH 值，即酸碱度的波动，可以从根本上改变我们可能看到的树木。酸碱度与营养丰富程度相关，酸性土壤往往营养含量比较低。

只要不是酸性土壤，就算很潮湿，桤木和柳树都有可能长得很好。毛桦也许在泥炭土中能长得更好。针叶树能很好地适应酸性土壤。

8. 城镇与树木

树木在城市的处境很艰难，要承受密集的人流和车流。不过，城市也缓解了树木大部分的生存压力，在气候方面，市区比市郊更温暖、更干燥。但是城市中可能也会有除冰盐、动物粪便，还有在地下施工作业的队伍。

二球悬铃木在世界各地的乡镇和城市被广泛种植，它们的根可以忍受压实的土壤；由于树皮经常脱落，因而能承受更多的污染。桐叶槭能很好地应对城镇生活的压力，它们是出了名的不把自己当外人，常常不请自来地光顾私人花园和公园。

德文郡的巴德利·索尔特顿镇，位于英格兰西南部的沿海地区，我曾去那里的一个教堂做演讲。我只记得教堂的名字和它在城镇中所处的大致位置，于是把车停好之后，我鼓起勇气去寻找那座教堂。几个世纪以来，教堂等重要场所都种有红豆杉，我想我可以通过它们来判断教堂的位置。我四处搜寻，果然发现一些沿着居民区的街道生长着红豆杉。在它们的引导下，我及时找到了演讲地点。（红豆杉有毒，如果你在农村看到红豆杉，意味着这里的牛羊数量不会很多。）

自然情况下，树木不会沿直线生长。沿河的树木会呈现出与河流相应的分布曲线。因此，所有沿直线生长的树都是人类的作品。通向宏伟建筑的大道两旁，一般都种植有整齐的树木，这是最容易看到的情况。当然，还有很多有趣的例子。

钻天杨通常作为树篱成行种植，它们标志着私人财产、村庄或农场的边缘。钻天杨比区域内其他的树都要高，细长的树枝伸向天空，很容易就能辨认出来。只要多加练习，就能把它们当作线索。我经常用它们来判断村庄的位置。钻天杨喜水，所以它是一条双重线索：靠近水边的村落。

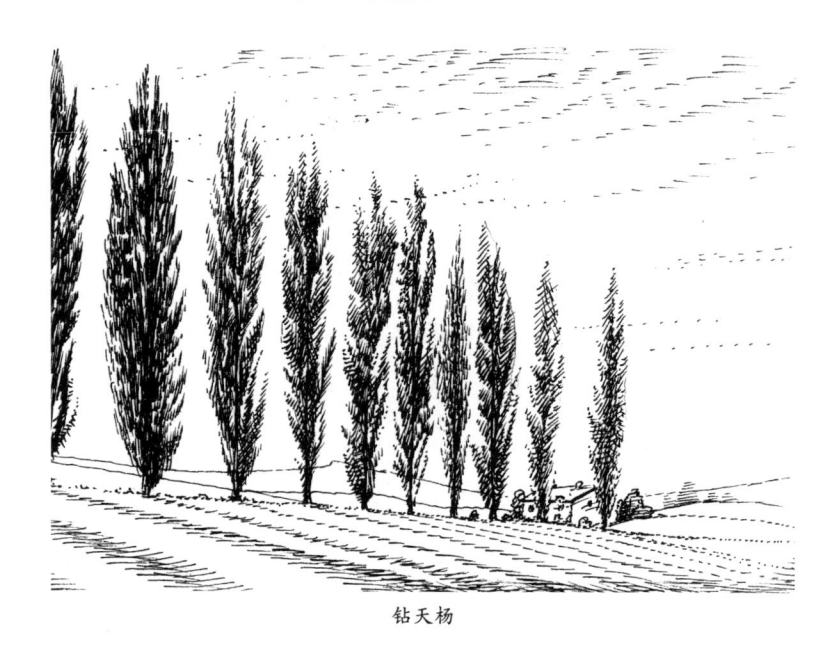

钻天杨

试着把景观中的点连接起来，这个过程会使我们感到非常满足。前几天，我给自己设置了一项挑战：从苏塞克斯的一座山上往下走，只根据树的指引来寻找村庄。在北部陡坡的山麓，我发现梣木在肥沃而湿润的土壤中茁壮成长；再往前一点，柳树长在小溪的两旁。水把我带到了村庄，当地平线被一排骄傲的钻天杨打破时，我知道自己完成了挑战。

9. 外部因素的干扰

植物对于外部干扰都很敏感。有的树种不会在遭受风暴、火灾、水灾或是被人为垦殖、过度使用的土地上生长，有的则乐于在这些地方扎根。柳树、桤木、落叶松、桦树、山楂都是狂热的殖民者，你会在那些受到外部因素干扰的地区看到它们。如果你看到很多小树，这意味着该地区不久前遭到严重的破坏。这些都是先锋树种，是"兔子"，它们在短期内占有优势，但大部分将在一个世纪之内逐渐被顶极树种取代。先锋树的生长绘制出一幅特殊地图，反映出当地近期发生的重大变化。我们应该寻找其中的原因。

落叶松是具有殖民性质的针叶树，它们在不同的季节都与其他针叶树有显著的差异。落叶松是落叶树种，夏天它们有独特的浅色叶片，冬天针叶则会脱落，这对针叶树来说非常特殊。为了便于在林中作业，人类在林中也修出了道路，恰好落叶松喜欢在道路两旁生长，于是它们将繁忙的路线标示了出来。从山上俯瞰，你会看到浅绿色的落叶松蜿蜒穿过深绿色的树林，这标志着那里有一条使用了很多年的路。通常来说，你能在仓库或仍在作业的地点附近发现很多落叶松。

森林中的火灾易发区则进行着不同类型的生存竞争。没有树喜欢被火烧，但有些树进化得比其他树种更耐火，随着时间的推移，它们战胜了脆弱的树种。太平洋西北部是火灾易发区，花旗松在这里击败了大部分竞争者。

拉帕尔马位于加那利群岛，这里的树木都很坚韧，能够应付干燥的气候、多石的土壤以及高峻的海拔，它们还具备防火的能力。野火在树林中穿行，树身被灼烧的情况并不相同，火会在某一侧留下比另一侧更严重的痕迹。在许多未经开垦的山地，松树烧焦的树干上有一些有趣的模式。如果花时间观察当地的松树，你会发现其中一侧的树干颜色更深，这也是可以用于自然导航的指南针。

10. 海边：敏感植物的地狱

盐的脱水作用能覆盖到内陆20公里远的地方，因此，在你还没感受到海风之前，空气中的含盐量就已经高到足以杀死大部分植物了。靠近大海的区域更适合那些适应海洋气候的物种，大部分内陆植物无法在这里生长，偶尔会有少数植株存活下来，但皱缩的叶子表明它们在苦苦挣扎。很少有植物能在海边生长，不过，像海滨两节荠之类的低等物种展现出了令人难以置信的能力，它们能够生活在飞溅区[1]的石质海滩之上。这里是敏感植物的地狱，会让它们饱受煎熬。滨海地区的高盐分不是树木生长的必需品，但有一部分树种可以忍受这种高盐的环境。

桐叶槭在海边的表现好得令人惊讶，它们肥厚且带有蜡质的叶子和根系可以抵抗盐分。有一次，我在威尔士彭布罗克郡的

---

1 飞溅区，指接触海水水流或湖水水流的区域。又称浪溅区、浪溅带。

一条海滨小路上走了大半个小时,也没见到一棵树。拐过一个岬角[1],我发现了一棵桐叶槭,它虽饱受海风的摧残,仍傲然不屈。它面向大海那侧的叶子是棕色的,被盐"烧"得皱皱巴巴的。

我家附近的滨海地区,往往只有柽柳能存活。那些能够战胜困难的树都很美丽、很迷人。前几天我在苏塞克斯的西威特林海滩吹着海风,欣赏着附近的柽柳。秋分时节,强劲的风扬起细沙,连游泳的人和冲浪者都没法下水。然而,当咸咸的海风掠过柽柳时,它们仍坚守阵地,展示着它们淡粉色的花。

大部分海滨度假区之所以看起来都很相似,一方面是因为建筑风格大同小异,另一方面是因为大家都是奔着阳光、海浪和沙滩去的。由于只有某些特定的树种能在这种环境里存活,在商业运营过程中,棕榈科植物成了一种象征,看到棕榈科植物,我们会下意识地联想到阳光、大海和沙滩。这是一种坚韧而奇特的树。不同于大部分树种,棕榈类有自己的进化路径。它更像一种草,这让它们能够在海滩上存活,还被作为海滨形象大使,印在了宣传画册上面。

椰子树向大海倾斜,这样一来椰子就可以掉入水中,沿着海岸漂走,或是漂流到其他岛屿开始新的生活。在大部分的海滩,冷风从大海吹向陆地。由于海风不断吹拂,尽管椰树的树干朝向大海,它们的树顶却朝向陆地,这塑造了椰树标志性的形状:树

---

1 岬角,指向海突出的夹角状的陆地。

干向大海倾斜，顶部向相反的方向弯曲。

海水的作用有好有坏，一方面带来高盐度的风，另一方面则形成了冬暖夏凉的气候。棕榈科植物讨厌霜冻，它们在海岸附近茁壮成长。即使是在气候凉爽温和的滨海地区，它们也能生存。

暖湿气流进入内陆时失去了大量盐分，但仍保留了大部分水分，以及适宜的温度。这保证了内陆地区较高的湿度水平和较少的温度波动。一些在海洋性气候影响下的内陆地区，形成了一种独特而罕见的生物群系，被称为"温带雨林"。温带雨林分布于北美和欧洲的西海岸，包括英国的部分地区和爱尔兰的大部分地区。德文郡便有一处雨林，湿润而温和的气候使得温带丛林变得葱茏蓊郁、苍翠欲滴，我曾在那里度过潮湿而快乐的一天。

结束了西班牙拉斯尼夫斯山脉之行后，我驾车驶离山区，敞开车窗，松树林的清香扑面而来。山路蜿蜒而下，松树渐渐变成了橡树，一直延伸到海岸。我在岸边停好车，而后走向海滩。一路上经过的好几棵树都是棕榈类植物。

第三章

我们看到的树形

4月份一个温暖的傍晚,我和朋友在一家酒吧聚餐,饭后我沿着山路步行回家。太阳已经落山多时,空气温和煦暖,夜空晴朗无云。大自然导演了一场绚丽的光影秀。猎户座明亮的恒星与火星交相辉映,一弯新月悄然升起。光线渐渐暗了下来,最后出场的粉色和橙色映衬在树木的背后。林地的轮廓勾勒出一条浓重的黑线,而我沿途经过的每棵树的剪影都显得格外生动。

如果你和我同行,你会认出那棵长着尖顶的树是针叶树。几分钟之后,我们经过一棵橡树,树冠近于球形,这是一棵阔叶树。斯林顿村边界附近有两棵桦树,在残存的阳光和微弱灯光的映衬下,呈现出另一番景象。它们的树枝悬垂着,看起来有点伤感,跟前面看到的两种树形大相径庭。塞缪尔·泰勒·柯勒律治称桦树为"森林中的淑女",或许是因为这些垂落的柔嫩树枝有一种女性气质。

短短几百米,就有三种截然不同的树形。树木究竟有多少种基本的形状?几种,上百种,还是无数种?1978年,一项关于树形的研究表明，尽管树种成千上万，但基本树形只有 25 种。这是个没有标准答案的问题，不同的科学家完全可以给出不同的回答。了解不同树形的成因更重要，也更有趣。

树反映了它们所处的环境。游戏规则很简单，适者生存，不适者淘汰。这就像一个过滤器，把优秀者筛选了出来。但这引发了一个有趣的问题，为什么我们没看到很多长得一模一样的树呢？有三个原因。

首先，土壤和气候越适宜生长，筛选力度就越宽松，就有更多的物种得以存活。如果你看见某地的树种多样，这表明当地的土壤肥沃，气候温和，适宜树木生长。这种地方同时也适宜人类、动物以及各种小型植物的生存。

其次，每棵树的生长经历都独一无二，因此它们的外观也各不相同。气候、天气、光照、水分、土壤、竞争、干扰、动物和真菌都能改变树的形状。斯林顿村的两棵桦树，尽管品种相同，但一棵朝南生长，一棵向北生长，都长得不对称。这是因为年长的桦树朝着南方的光线生长，年幼的桦树为了获得阳光，不得不远离兄长的阴影，于是两棵桦树彼此分离。你可以观察相互靠近的两棵树，会看到老的那棵朝向光线充足的南方，年轻的则朝不被遮挡的方向生长，它们彼此远离。

最后，时间起着重要作用。如果我们几十年后再回来，不可能看到同样的景观，甚至不会看到同样的树。当我的孙辈重走我在斯林顿村走过的路，他们看到的每棵树都会和我看到的不一样。那个时候很可能已经见不到桦树了,因为桦树的寿命跟人类的寿命差不多。

我们看到的每棵树都反映了遗传、环境和时间三种因素的影响。一旦我们知道怎么发现这些塑形的力量,它们留下的痕迹就变成了一个个有意义的故事。我们先从基因开始。

承担风险的树

树木的生命力为何如此顽强?它们的秘密是什么?如果能回答这个问题,我们就能理解自己所看到的树形。不同树种的共同特征是一条重要线索。下面我们通过排除法把它给找出来。

首先,要排除的是叶子、树皮和树根的颜色以及生长模式,不同树种的差异很明显。其次,要排除树的繁殖方式,针叶树和阔叶树有着完全不同的策略。最后,树的共同之处在于能够经年累月地保持树干的高度。

高度至关重要。树越高就越有可能获得充足的光照。按理来说,我们会看到很多高大的树,但情况并非如此。长高需要大量的能量,也意味着要将大量的水分输送到高处。这使得树木更容易受到风力和肥力的影响。长高并不能解决问题,生长需要适度的节制,这就是高大的树并不是随处可见的原因。这个问题与在"建造塔楼"这个游戏中会遇到的问题相似。

假设你有一个无聊、有钱,还有点疯狂的朋友,他邀请你和另一个朋友一起玩游戏。游戏规则是要在 15 分钟内，使用小木砖在桌子上搭建出最高的木塔。如果你的塔倒了，你就输了。获胜者将得到 1000 英镑，失败者一无所有。你们要在不同的房间里，看不到彼此进展的情况下完成比赛。如何才能获胜？

游戏开始了，几分钟之后你就会发现，这既是在考验你的性格和策略，也是在考验你搭建木塔的技能。是搭到一个可观的高度就停止挑战，还是努力将塔建得更高？随着游戏的进行，你意识到再加一层木砖可能会把塔弄倒，这样一来自己就输了。但是，谨慎行事、不再累加也有风险。如果你的朋友认为你会采取稳妥的策略，那么他们可能会冒更大的风险来打败你。毕竟第二名没有任何奖品。

树也面临着同样的困境。如果集中精力长高，但又没有赢得充足的光照，它们就输了。大自然像是个邪恶的天才，失败就意味着死亡。

林地里总有那么一两棵树比其他的树要高一些。这些长得更高的树承担着被风折断的风险，但它们很乐意冒险去获取阳光大奖。每片林地里都会有一些比较有冒险精神的树。我散步的时候注意到水青冈比橡树更乐于接受风的洗礼，总是在橡树的上方探出头来。

要么低矮，要么高大

如果游戏规则是要通过长高来获取充足的光照，那么一旦你参与其中，就必须获胜，必须长到最佳高度，同时还要时刻注意自身的弱点。但如果你不认可这样的游戏规则呢？

我读小学的时候，学校里有一个勇敢的胖小子，名叫杰克。我对他印象深刻。冬天的时候，我们每周都要进行一次一小时的越野跑，大部分人都不喜欢在湿冷的天气里跑步，我们常常一边抱怨，一边往前跑。杰克不想参与，他认为这很愚蠢。但这是个强制参加的活动，如果不跑可能会有麻烦。于是，杰克选择按照自己的节奏跑。他速度很慢，无精打采地跑着，跑一会儿，停一会儿，接着再慢跑几分钟。

每次跑步开始的时候，我们都会回头看杰克，看着他渐渐在视野中消失，惊讶于他以这种方式脱颖而出。我们跑完之后，稍事休息，大家气喘吁吁，双手撑在膝盖上，吐槽泥泞的路况。几分钟后，我们会回头看，迫切想要知道杰克还有多久才会出现。有时我们已经洗完澡，他才慢悠悠地绕过最后一个弯道。他脸上总是挂着微笑，也许还夹杂着些许悲伤。我们通常会为他鼓掌，看到老师生气，还会鼓得更起劲儿。杰克在十几岁的时候，就以那样一种方式进行反抗，我永远都没有勇气那样做。

自然界中也有不墨守成规的人。如果你不想和其他人玩同样的游戏，而是要改变游戏规则；如果你的目标不是长高以获得充足的光照，而是充分利用自己拥有的阳光，情况会发生怎样的变化？突然之间，击败对手，长成参天大树变得毫无必要了。

有些树长到与成年人相当的高度就不再继续长高。我写这篇文章的时候，手伸出窗外就能摸到一片榛树的树叶，这棵树跟我一般高。它长在几棵30米高的水青冈的树荫下。它是"树中杰克"，我仿佛能听到它在嘲笑那些高个子过于急躁。套用一句老话，"聪明的树解决问题，明智的树避开问题"。

在很多情况下，妥协可能是最好的答案，比如与朋友或伴侣发生分歧的时候。但在大自然里，妥协往往是自寻死路。对于一棵树来说，在高度和光照的博弈中最糟糕的做法，就是消耗大量能量后，长得不高不矮就停了下来。能量很快就会耗尽，但却收获甚微。树不能在高度上妥协，所以我们会看到有很多高大的树和很多低矮的树，不高不矮的树却很少。那些低矮的树通常只有2.5米，比一般成年人高一点；高大的树各不相同，动辄长到30米以上。我们看到的中等个头的树，它们很可能是年轻的大树。自然界中成熟的树木要么高大，要么低矮。这是因为森林地表可利用的光线要比腰部区域的多得多，因而小型树比中等大小的树长得更好。光线从树冠高层的间隙洒向地面时，会形成一个锥体，顶部很小，接近地面的位置则要大得多。当太阳在树冠上移动，锥体也会在地面上移动。这意味着靠近地面的区域有一些宽广、持久的弱光斑，相对于出现在大树腰部区域的短暂亮光来

低矮或高大的树

说，这些地面上持久的光照更加可靠。

我在这里将树拟人化，是为了便于解释诸如"策略"之类的概念。树显然不会像人类那样思考或制定策略，进化早在树木生根发芽之前就已经迫使它们做出了选择。这个决定与树种的基因有关，高大或低矮，早在树长出第一片叶子之前就被设定。从进化机制的角度来看，就很好理解这是如何发生的。

假设很久以前有一种非常高大的树，它的基因在某一年产生突变，结出三颗携带不同基因的种子：一颗的高度与母树一样，一颗是矮小的版本，另一颗是中等高度的版本。三颗种子都在肥沃的土壤里生根发芽，但最终只有高大和矮小的树能开花结果，因为中等高度的树不高不低，只能枯死在树荫之中，中等版本的基因也就随之消亡了。因此，第二代就只剩下高大和矮小两种基因。在这个例子中，树的基因选择只花了两代的时间；但在自然界中，这一过程可能需要经历数千年。不过，最终的效果是一样的——进化扼杀了糟糕的策略。

树的"顶芽老板"

迫使树木变矮或变高的进化压力在许多其他领域也发挥着作用。

针叶树的树形往往呈现出圆锥形，阔叶树则为更圆润。针叶树已经进化到可以在高纬度地区生存，而且不落叶，这意味着它们可能要应对大量的积雪。枝条向下倾斜，积雪更容易从锥形的树上滑落；反之，球形的树枝角度比较平缓，逐渐堆积的降雪会折断枝干。在高纬度地区，太阳的直射角度比较低，针叶树高而瘦的形体也有助于获取光线。在炎热干燥的地区，正午的太阳处于天空的最高点，锥形也有助于降低树受到的辐射热量。

事实上，树木被它们的顶端所控制。树木生长得最高的部分，即每棵树的顶部，被称为顶芽。它释放的生长素会沿着树干向下运输，决定着树上其他分枝的生长方式。

每个树种的生长方式各不相同，但也有一些普遍趋势。针叶树的顶端是一个"独裁者"，它的生长素要求所有的低枝必须慢慢地生长，于是大部分针叶树都长得又高又瘦。最下层的分枝生长时间最久,所以比顶部宽。许多针叶树都长着尖顶。

阔叶树顶的领导力较弱,没那么专横跋扈。它们的顶芽发出的命令比较宽和,允许下层树枝生长,但尽量不要长得比顶部快,可以舒展一点。这就是橡树、水青冈和大部分阔叶树的形状比针叶树更圆润的原因。

强势的顶端:高大而细瘦的树冠,如针叶树。
弱势的顶端:圆润而丰腴的树冠,如橡树。

在"政变"发生之前,一切都很顺利。风暴、园丁的剪刀或动物都可能会切断一棵树的顶部,让树木失去顶芽。当生长素不再沿着树干向下流动,解开了束缚的低枝开始快速生长,长出新的树枝。这种生存机制允许一棵树在经历"灭顶之灾"后改变策略,重新生长,这是行之有效的机制。

"斩首行动"会使树篱更加茂密,因为每次修剪都会长出越来越多的小树枝。这也是商业种植者让圣诞树变得更茂密、更粗壮的方式。当我们更仔细地观察树枝时,可以试着发现一些不同的树形,并找出树的顶部是什么样的老板——专横跋扈的?还是亲切随和的?

树上的记号会和你一起长高吗？

树木如何生长，原本不是什么神秘的事，但人们却普遍存在误解。如果要理解我们见到的树形，首先要消除这些误解。是时候做出改变了！

请你找一棵树枝低矮粗壮的树，确保你踮着脚尖就能触摸到树枝。现在尽量把手臂往上伸，在树枝上做个记号。如果5年之后再来，你还能碰到这根树枝吗？（假设你没有长高、变矮，也没做其他会影响实验的事情。当你再次回来时，树枝是离地面更近、更远还是维持不变？）

你小时候可能种过向日葵，或其他生长速度很快的植物。先是嫩芽破土而出，然后向上飞速生长，一周一个样儿，我们可以观察到它们的生长过程。或许你也曾在网上看过记录植物生长的视频。无论是观察自己培养的植物，还是观看植物的生长视频，都是有趣的经历，但也让我们对树木的生长方式产生了误解。

树木有初生生长和次生生长两种方式。初生生长和向日葵一样，苞芽向上，长成一根绿色的茎。不过，一旦出现了茎，树就会形成树皮，从而开始次生生长。次生生长的目的是增粗。此时，覆盖树皮的树干不再向上，而是变得粗壮。同样的原理也作用于树枝，树枝的顶端不断生长，但靠近树干的部分则变得越来越粗。

树干末端的顶芽以初生生长的方式持续生长，低处的树干则无法长高。假如你在树皮上划线，这条线不会每年变高。（这对树有伤害，并不鼓励这么做。）你会看到，即使是在 10 年后，划在树上的线也没有向上移动。如果它会移动的话，我们就会看到这条线越过了我们的头顶，但事实并非如此。它的高度和当初刻上去时一样。

现在可以回答前面提到的问题了：5 年后你可以再次触摸到这根低矮的树枝。事实上会更容易触碰到，因为这根树枝会长得更粗，而不是更高。这意味着这棵树最低的部分实际上会变得更低。

撑起一把遮阳伞

树的形状与其生长策略息息相关。在一棵树全力以赴长到最高的过程中，它一定会长出许多树枝来，而其中较低的树枝会被之后生长的高枝的阴影所覆盖。

树木需要不遗余力，才能击败对手，被荫蔽的低枝对于战斗毫无帮助。低枝的位置已经固定，它永远也无法超越树冠。这对于耐阴的树来说问题不大，但对大树而言，是个大问题。大树的解决方案很巧妙，它们低处的树枝会自行脱落。

松树等喜光的树种都长得很高，它们保留了上端的树枝，让低处的树枝脱落。这让它们看起来"头重脚轻"，好像一把遮阳伞。松树的这种外形十分引人注目，而这种外形在大部分树种身上都或多或少能看到。透过窗户，我可以看到水青冈几乎覆盖了其他树种，它们靠近地面的地方几乎没有树枝。低矮的山楂树和榛树则保留着低枝。

观察针叶树的轮廓，你会看到这种现象对整个物种的影响。你会回想起松树比冷杉更喜欢阳光，冷杉比云杉更喜欢阳光，云杉比铁杉更喜欢阳光——"松树第一无需猜，冷云铁杉渐次排"。从轮廓可以看到铁杉的低枝比云杉多，云杉比冷杉多，冷杉则比松树多。

松树　　冷杉　　云杉　　铁杉

我经常遛狗的路上有一棵异叶铁杉。如果用手揉搓它的叶子，会有一股浓郁的葡萄柚的香味。我偶尔喜欢搓一搓，闻一闻。20分钟之后我们到达山顶附近，那里有一棵傲然挺立的欧洲赤松。微风夹杂着熟悉的荒野气息，那是松针的味道。这个味道很有趣，既有令人愉悦的柠檬香气，又带有一丝苦涩的药味儿。（松针的味道可能是有药效的，它确实杀死了许多树上的病原体，而且研究表明，它对我们也有好处。）我喜欢拔下一些松针，用手压碎，然后深深地吸气。不过，距离我最近的新鲜松针长在15米高的地方，想要摘一些来揉捻显得有点不切实际。

一般来说，如果我们能够触碰到一棵成年树的叶子，那么，这种树就是耐阴树种。叶子的生长与光照息息相关，光线照射的高度会影响树叶生长的高度。因此，我总记着这一句："低矮的叶子，低矮的阳光"。

"丰满"的阳光，丰茂的外形

到目前为止，我们看到的大部分树的生长趋势都受基因控制。无论大自然如何对待一棵冷杉，它永远也不会长成一棵橡树。不过，许多生长模式是由环境控制的，阳光是主要的影响因素。

树木不知道自己需要长到多高才能超越竞争对手，而一旦超出必要的高度，就会带来风险。树木应对这个问题的方法很简单，它们根据光照强度做出调整。向上生长，是为了接近阳光。一旦光照充足，树就会调整计划，不再继续长高。

只要顶芽处于树荫当中，它就会不断地发送化学信号，抑制低枝的生长，自己则迅速长高。一旦顶芽察觉到自己沐浴在阳光之下，它就会放慢向上生长的速度，让侧枝有向外伸展的机会。短时间内不容易察觉到这种变化，但随着时间的推移，其结果会越来越明显。

随便选择一种你经常看到的树，你会发现，在林地或其他阴凉的地方，它们会长得更高、更纤细；在光线充足的旷野，它会长得更矮、更丰盈。

林业工人密集地种树，便是充分利用了这种现象。树干极具商业价值，侧枝则经常给伐木机添麻烦。通过密植所种出的最好的树，意味着它们得到的光照非常少。虽然这有点讽刺，但行之有效。这样长出来的树侧枝很少，树干则高大笔直。

森林中的树会往风暴等因素形成的新空地上扩张。由于空地上的光照水平急剧上升，这改变了树木的生长方式，它们会减缓向上的势头，转而开始横向生长。

你可能会遇到一些不符合这种规则的树，也许是旷野中一棵又高又瘦的橡树，也许是树林里一棵又矮又胖的橡树。而这正是景观发生改变的线索。空地上那棵瘦瘦的橡树，是在其他树木的包围下生长起来的，那些树现在都消失了。树林里胖胖的那棵，则是独自生长了很多年，现在它被生长速度更快的树木包围了起来。

一棵树需要多少层？

我们现在要探索的内容，你可能已经看到过无数次，却从未注意到它。

人们很容易以为，光照条件越充足，树叶就长得越好。树木为了让叶子暴露在阳光之下也花费了很大的力气。实际上，若将充足光照计为100%，那么，多数叶片在光照大约只有20%的情况下就已经在全力以赴地生长了。

桦树和山楂等树种适合在明亮开阔的地带生长，它们不同层级的枝叶都能获得充足的光照。与此相反，林地中的树苗很少能接触到阳光，它们只有努力向上，突破重围，在接近树冠层顶部的时候，阳光才会照耀到它们。这两种不同类型的树处于不同的光照环境，如果它们使用相同的策略，长出相同的形状，那就太奇怪了。事实上，它们长得并不一样。

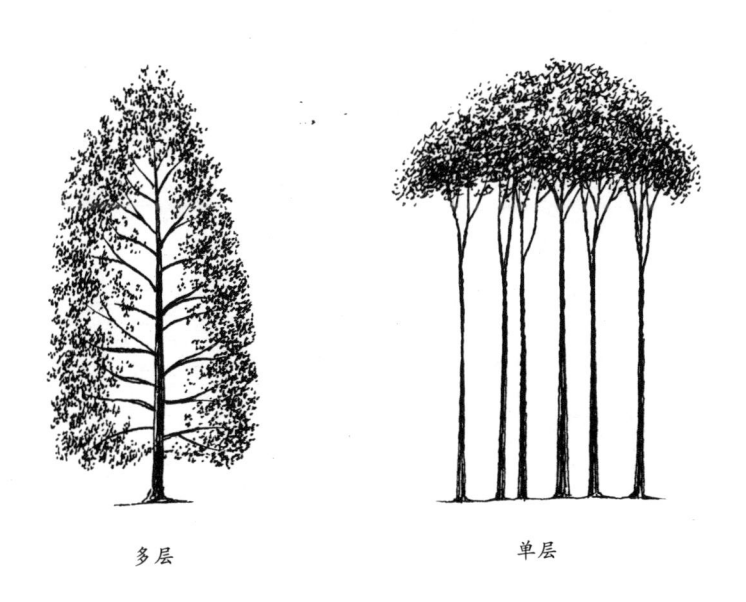

多层　　　　　　　　单层

树冠有多层与单层之分。水青冈先在树荫下生长，然后逐步抵达树冠层顶部，这类树种的冠层结构更平坦。它们的大部分树枝都长在同一个高度，形成单一的层次。桦树等生长在空旷地带的树种，则在不同的高度伸展出许多侧枝，呈现出多层次的外形。

大家一开始寻找的时候，会发现自己看到的每棵树似乎都是多层的。原因在于我们观察到的树大都生长在空旷的环境当中。回想一下我们在前文中介绍的情况，这些树适应了明亮的环境，因此长得更圆润。在阔叶林里，你一抬头就会看到很多单层的树。我们可以通过抛掷石块来判断树是单层还是多层：如果大部分树枝都很高，很难被石头击中，那么你看到的就是单层的树；如果树枝自上而下向外伸展，抛上去的石头可以砸中很多根树枝，那它就是多层的。

为什么会进化出这两种形状呢？这个问题不太容易回答。如果我们换个角度，把阳光想象成水滴，理解起来就会更容易一些。

几个月前，我家厨房的天花板在滴水，我怀疑有个橱柜出了问题，连忙跑到楼上查看，问题果然出在那里，水从热水箱底部的阀门往外渗漏。

还好滴水的速度很慢，我在阀门下面垫了一个碗来接水。自己折腾了半天，问题还是没能解决，于是我打电话给供暖工程师汤姆，他是一个很友善的人。（他很有意思，一边攻读原子能冶金学博士学位，一边研究家用供暖系统。）汤姆表示会尽快赶过来，但至少也要 24 小时之后才能抵达。

"没关系，"我说，"现在的滴速很慢，我应该可以用碗接住。"但我的声音透出一丝急迫。

在接下来的 6 个小时里，我反复检查漏水的地方。刚开始，碗里的水没多少。随着滴水的速度逐渐加快，碗里的水很快就满了。我又给汤姆发了短信。在他来之前，我只能自己想办法阻止水溢出来。水管之间的空隙放不下太大的碗，于是我只能在第一个碗的正下方增加一个同样大小的碗。等到汤姆来的时候，4 个碗一个接一个地堆叠着，水顺着往下流，让我能有时间换上空碗。

树叶要做的事情与堆叠小碗相似。想象一下，阳光从上方照射下来，叶子就像是小碗，它的作用是阻止光线到达地面，否则就浪费了资源，大自然可不喜欢浪费。如果光线较弱，在顶部放一个碗就够了；如果光线充足，超过了单层树冠所能捕获的范围，此时再往下长一层侧枝是很有必要的。

在阴凉的树林里，靠近树冠层顶部的单层树冠捕获了所有的光线。在明亮开阔的区域，我们可以想象光线从桦树的多层枝叶间倾泻而下。当阳光从侧面照射时，这些树的多层结构能够更加高效地捕捉和利用光线。

树木的"老年发福"

了解完基因和环境这两个影响树形的因素之后，我们接下来要关注的第三个因素是时间。

随着时间的推移，树越长越大，它们的形状也会随之改变，尤其是树龄很大的树。大部分老树会变得粗糙且不对称。许多树种随着树龄的增加，树顶会变得逐渐圆润。年轻的松树严守纪律，具有良好的对称性和匀称的金字塔形状。到了晚年，它们就不那么在乎规则了，长得有点放荡不羁。中年时期，树顶可能变得比较薄，树形也比较规整，等到顶芽的势力衰退，控制力下降，一些树的顶部就会变得平坦起来。红豆杉年轻的时候向上生长，成熟之后向四周舒展。我们还能在一些老松树身上看到时间对它们的强烈影响。

一旦顶芽的势力减弱，低处的枝条得以旺盛生长，树形就会变得更宽。这也意味着一开始是单层的树，会随着年龄的增长而长出更多层次。大部分单层树在老化之后逐渐呈现出多层的样貌。对于这种生长现象，我有一个奇怪的想法：顶芽是严格、吝啬的祖父母，低枝则是不安分、贪玩的孙辈。祖父母勒令孙儿们："不行，你们不能出去！外面到处都湿漉漉的，你们搞得脏兮兮地回来，会把地毯弄脏！"孙儿们懂得伺机而动。最终，当脾气暴躁、精力不济的祖父母疲乏了，在摇椅上打起了盹，孙儿们便瞅准机会，冲出了家门。

老树的顶部可能比低处的枝干更早枯萎。枯死的树枝从顶部伸出来，下面是绿色的健康树枝，这一过程被称为"紧缩开支"或"向下生长"。

每个树种都展示着这些影响的不同组合，有的影响比其他的更显著。有些树种，比如古老的橡树，顶部枯死的枝条突兀地伸出来，形成极为引人注目的景象，以至于人们专门给它起了一个昵称：鹿角树。

第四章

消失的树枝

树枝有自己无声的语言。树木占据了陆地大半的空间,却静默无声,不惹人注意。如果你发现了自己从未见过的树,试着背对它,尽可能详细地描述一下它树枝的样子。切记不要偷看。你能做到吗?

1834年,6名农业工人为了反对不断缩水的工资和权利,在英格兰西南部多塞特郡托尔普德尔村的一棵桐叶槭下谋划了一场抗议活动。他们因秘密宣誓而被捕,被判处7年劳役,流放到了澳大利亚。

判决结果激起了民愤,80万人签署了请愿书,3年后,这6个人获释。这是工会运动诞生的关键时刻,这6个人被称为"托尔普德尔蒙难者"。他们集会时的那棵桐叶槭一直活到今天,大约有340年的树龄。

几周前的一个早晨,天刚蒙蒙亮,我遛着狗穿过晦暗的树林,身后传来一阵奇怪的声响。那是我家小狗弄出来的声音,我回过头去查看它的情况。没走几步,我的眼睛就被榛树的叶子轻轻拂过。我揉了揉眼睛，却没有就此停步，仍盲目地往前走。随后，光线发生了变化，我眯着眼，透过流泪的眼睛看到一根黑乎乎的东西。那是一根桐叶槭的低枝，我避开它的时候用力过猛，膝盖撞到了旁边的石头上。我负伤而"逃"，流了点血，但不是很严重。

这棵桐叶槭的大小与托尔普德尔蒙难者们集会时的那棵相当。虽然这棵树不会因为绊倒我而被铭记，但它引发了我的思考：为何如此高大的桐叶槭却长了一根低到足以把我绊倒的树枝，而另一棵同龄的桐叶槭下方却拥有能容纳6个人开会的空间？

树枝生长的高度和位置不是随机的，总有合理的解释。如果我不是去那里遛狗，而是走走看看，我还会深入观察那棵桐叶槭的树枝。在这一章，我们将发现隐藏在树枝上的线索。先从最容易识别的特征入手，再识别那些更具挑战性的生长趋势。

树枝的粗细

树枝越靠近树干的部分越粗，末端则越来越细，这是个很明显的现象；但我们却很少注意到，上一次意识到恐怕还是孩童时期爬树的时候。在树干上爬得越远，枝折人落的风险就越大。我们对树枝逐渐变细的趋势有一定的了解，但这也因树种的不同而不同。为了更好地理解，请你想象把拇指和食指环成一个圈，做成戒指的形状，接着将这枚戒指从树枝末端滑向树干，忽略那些可能会阻碍我们前进的小树枝，看看这个戒指能沿着树枝滑行多远。

一旦开始寻找这种树枝逐渐变细的现象，你就会注意到其变化有多大，也能注意到这种现象在先锋树身上有多明显。生长于空旷地带、暴露在劲风之中的树，会逐渐进化出细线状的树枝。先锋树通常长有电线或鞭子一样的枝条。桦树在变细这一点上登峰造极，细到似乎连电流都很难通过。

还可以留意一下鸟类栖止的树枝，在起风的时候试着预测鸟儿下一步的行动，这么做能帮助我们发现枝条变细的情况。桦树的细枝随着微风轻轻摇曳，鸽子停在上面怡然自得；一旦有阵风袭来，鸽子立刻就会跳到更结实的树枝上。

众所周知，河流两旁都是耐湿的先锋树，它们必须应对高水平的日晒、风吹和水浸。包括桤木属和柳属在内的树种，往往都有细嫩而灵活的树枝，这是应对风和水的唯一方法。

有些树枝往另一个极端发展，它们的末端也会长得很粗壮。它们是树林中最快乐的树，许多树为它们提供了良好的庇护。你可能见过橡树绿色的树冠中显露出来的枯枝，一般只有在树枝的末端比较粗时才可能看见。

外表繁茂，内部中空

如果你在夏天从外部观察一棵树，你会以为树里面也满是树叶。但当你站到树下，从贴近树干的地方抬头看，很快就会发现这棵树几乎是中空的，里面基本上没有叶子。树干几乎不长叶子，所有的叶子全靠树梢上众多的短树枝擎着。你可能已经猜到了，这与光照息息相关。树干附近的光照很少，所以没有必要在那里长叶子。

树枝扮演着双重角色：一方面，它们要往光线充足的地方尽力伸展，另一方面，要擎起用于捕获阳光的叶子，这是两项不同的任务。这解释了为什么许多树都长有长短两种树枝。长树枝从树干向外延伸，充当短树枝的脚手架，短树枝的功能则是长树叶。树干附近的大树枝因为没有细枝碎叶的妨碍，所以有很大的空间，我们可以在那里尽情玩耍，度过欢乐的时光。

如果你站在云杉或其他针叶树的下方，抬头看见的是一个中空的锥体，这个锥体近乎完美地反映了整棵树的形状。中空的区域只有光秃秃的树枝，没有针叶。

一旦注意到单棵树的内部没有叶子，你就可以在更大范围内寻找这种现象了。你可以寻找一片枝叶繁茂的树林，可以是夏天的阔叶林，也可以是其他季节的针叶林，最好是一片可以在5分钟之内穿过的密林。

注意观察树林边缘的小树枝和树叶的生长规律，再看看树林中心地带的情况有什么不同。在林地边缘，你会发现这里的树朝向树林外侧的一面有很多细小的、长着叶子的树枝，树冠顶部也有很多叶子；但是，很少有小树枝或叶子朝树林内侧生长。你还会发现树林中心的树没有侧枝，但拥有长势良好的树冠。这些现象是合乎逻辑的，因为光线只能照到树林的侧面和顶部。如果将这些树当成一个整体来看，这种现象会变得更加优美而有趣，一片树林长得像开阔地带的一棵树一样。小树枝和叶子覆盖树林的四周和顶部，但靠近中心的地方，枝叶就很少。森林里的树彼此靠近，小树枝和叶子相互避让，它们使树林在外观上形成了一个整体。

一片繁茂的森林就是一棵树，树冠葱茏，内部中空。

这和"逃离森林"的现象密切相关，我们将在本章介绍这种情况。

树枝的生长方向

树枝朝什么方向生长？是向上、向下，还是水平生长？经过三亿年的进化，对于哪种生长策略最好，植物们已经有了一些共识。尽管不同树种的生长策略多种多样，但有些策略适合大部分树。向上的树枝比向下的树枝更容易接触到阳光，但也更容易受到大雪的影响。

树枝就像一张渔网，被树木抛撒出去捕捉阳光。如果树在不同层级抛出相同大小的渔网，那么整棵树看起来就会像个圆柱体，此时只有顶部树枝能够获得充足的光照。因此，树枝越低，网就铺得越开。树会改变树枝的生长角度，年轻时向上生长，成熟之后就会向外舒展。这种生长策略造就了我们所熟悉的树形。

最年轻的树枝往往最上扬。随着树龄的增长，树枝稍微下弯，逐渐低垂。树的顶部是这棵树最年轻的树枝，底部一般是最古老的树枝。这意味着无论你看到的是什么树种，顶部的树枝都指向天空，底部的树枝都指向地面，中间的树枝则基本处于水平方向。

一旦低处的老枝往外伸得足够远，能够接触到树冠边缘的光线，它们就不需要继续向下生长了。它们会再次向上，重温自己追逐阳光的青春年华。请留意有多少根修长而低垂的树枝的末端朝向天空。

一株云杉的树枝

大部分树都有这种现象，尤其是长有低枝的针叶树，阔叶树则不然。我家附近的水青冈和橡树，即使是最年老、向上趋势很弱的树枝，也几乎没有低于水平方向的。上图中云杉靠近顶部的树枝向上45度生长，中间的枝条很平坦，靠近地面的枝条则向下45度生长，迫近地面。等那些低枝伸得足够远，它的末端就会重新开始朝向天空。

落叶松树枝的末端有修长而平缓的上弯，像是蜷曲着手指向我们打招呼。桦木树枝的末端有一条独特的上扬曲线，在冬天从远处看尤为突出。

树如何给树枝"选址"？

基因决定了大部分动物腿的数量，因此，我们可以预测猫、狗、马、青蛙、蜘蛛以及其他动物有多少条腿（除非它不幸地失去了一部分）。但对于树枝来说，不同的成长经历会造就不同的结果。许多人对树枝的生长存在一些误解。

我们都想当然地认为树苗和老树天生就长这样。但实际上，不同环境下生长的树枝，不可能长得一模一样。如果这些树生长在其他地方，模样会极为不同，我们可能会看到原本不存在的树枝。树的厉害之处就在于能够根据所处的环境做出反应。每棵成熟的树身上都有数百根尚未萌芽但已经开始孕育的新枝，也有数百根曾经生长但早已枯朽的老枝。

要理解这个概念，我们可以类比一下商业模式。如果一家成功的美国公司在其国内已经有30家分公司，还想在英国开设5家分公司，这项投资十分昂贵且有风险，因此需要大量的思考、分析和规划来确定分支机构的选址。是否应该在格拉斯哥开一家？一旦决策失误，将付出高昂的代价。首席执行官（CEO）必须做出最后的决定，他们将利用自己所有的经验、智慧，以及自己掌握的数据来做出正确的决策。

树木没有CEO，没有做过研究，也没有调查数据。但从某种意义上来说，它们的生长策略却非常聪明。这是如何做到的呢？很简单，它们做了一切尝试，并允许大部分尝试失败。长一根树枝既简单又便宜，这是树木很大的优势。

如果让一棵树来为美国公司做决策，它会说："我们先在英国各地开100家非常小的分公司，试点成功的继续经营，失败的就关停。"十年后，只留下有盈利的分公司。这么做会有一两个分公司开在了相当奇怪的地方，可能是决策者从未考虑过的地方。树的天才之处不在于精心选址，而在于广撒网。它们试图在所有地方都长出树枝，一旦长势不好，就会无情地凋落。这个过程被称为"自我修剪"，树木一直都在这样做。一些长势较差的树枝之所以还未凋落，只是因为它们还没被修剪罢了。

我们可以在所有成熟的树上看到这种现象。假如你种了一棵松树，大约10年之后再回来，你会发现它还不是很高，也许只长到3米左右，这时它的树枝几乎可以接触到地面，想要在树下行走是不可能的。但再过十年，树就长起来了，地面几乎没有树枝。这时，我们可能会误以为是树枝随着树干的长高而被抬升了，实际上并没有。新的树枝长在更高的地方，在这些新生的、更高树枝的阴影下，最低处的树枝已经被这棵松树自我修剪了。这棵树折断了自己的四肢。

树干南侧的眼睛

去年夏末，我在英格兰中部沃里克郡埃文河畔的斯特拉福德附近，探索一个叫作斯尼特菲尔德灌木丛的自然保护区。当我看到缬草花时，我笑了，这是土壤中有岩石或混凝土的迹象。这个地区是二战时期的旧机场，现在杂草丛生。

这里景色迷人，我花了很长时间去调查，并取得了丰富的成果。随后，我开始物色适合宿营的地方。结果证实了我一开始的担忧：这里的地面太潮湿，不适合过夜。那些蓬勃生长的树木、鲜花和苔藓就是明证。于是我决定找个更干燥的地方。做出这个决定之后，我悬着的心也放了下来，但不免也有点儿失落——马上就要离开这儿了。我坐在一棵老树桩上小憩，一边嚼着果脯补充能量，一边盯着面前这堵由不同树种组成的绿墙。放空了大约一刻钟，我发现面前的树也在盯着我。

零食提供的能量活跃了我的思维，我突然意识到眼前发生了什么，这是我以前从未思考过的东西。

一次小小的观察促成了一个小小的顿悟。一条新的导航线索吸引了我。这让我精神振奋，激动不已。我以为自己会激动得绕着树跑起来，但实际上我只是在每棵树的周围疯狂踱步。

树木的南面长着眼睛。让我来解释一下：

树会脱落那些无法捕获阳光的树枝。阴影是树木终止树枝生长的最常见原因。讽刺的是，新生的树枝往往会遮蔽低处的树枝，导致低枝失去作用。树木无法移动，树冠却不断变化，树唯一能做的就是适应。树经常会脱落小树枝，偶尔也会脱落较大的树枝。

当较大的树枝停止生长时，树会逐渐用树脂或树胶隔断树枝与树干的连接处。这么做很重要，因为树枝是通往树干中心的高速公路，而树干上的任何一道裂口，都会导致病原体入侵，存在杀死整棵树的风险。一旦连接处被安全密封，水分和营养供给也随之切断，树枝很快就会死亡。树皮会从枯枝上剥落，你可能已经见过那些光秃秃的、没有树皮的枯枝。慢慢地，枯枝成为真菌的猎物，逐渐衰弱，直至折落，留下一根残枝；最后这残枝也枯朽、腐化了。

如果我们仔细观察大树的树皮，很快就会发现枯枝生长过的位置。不同的树种看起来可能略有差异，但枯枝脱落的地方就像是树的一只只"眼睛"。有些树的"眼睛"上方有一条类似眉毛的曲线。所有的树都会留下这样的痕迹，尤其是生长在南向开放地带的树，由于树皮很光滑，所以它们的眼睛也更容易被发现。

一般来说，树的南面，也就是向阳面，会长得更茂盛。随着它们越长越高，南面一定会脱落大量的树枝，因而留下一连串的眼睛。这些眼睛从树的南面看向我们。我现在总是忍不住与这些眼睛对视，尤其是那些长在光滑树皮上的眼睛，你很快就会有同样的发现。

树的眼睛盯了我无数次，我却从来没有意识到。这既让我震惊，也让它们变得更有吸引力了。在我们主动寻找它们之前，它们都伪装得很好。如果我们找到了它们，这些眼睛就会看着我们，嘲笑我们以前是个近视眼。

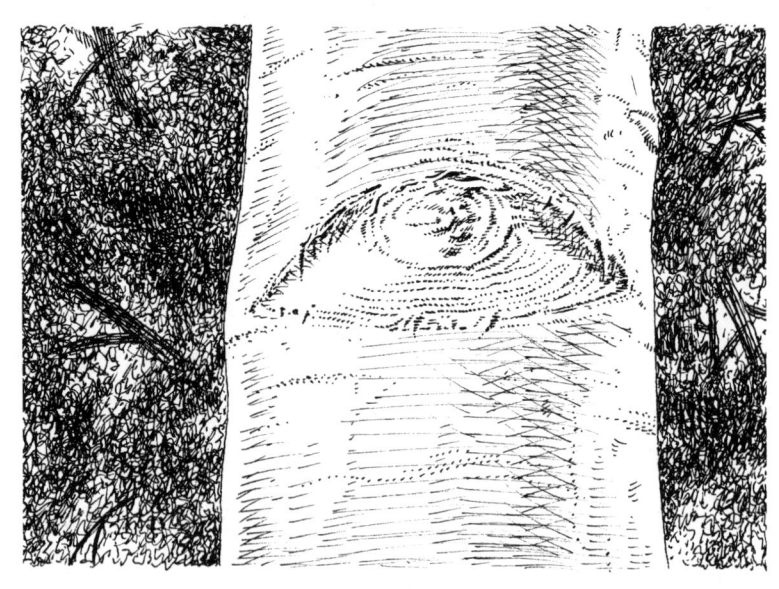

树干南侧的眼睛

防御者树枝

大自然蔑视严格的规则。在捕捉光线的游戏中，失败的树枝很快就会死亡，但总有一些例外。在被浓荫笼罩的树干底部，通常是一人高的位置，我们偶尔会看到一些小树枝从树干上伸展出来。为什么会这样？

大自然可能不喜欢硬性的规定，而进化论讨厌任何浪费资源的行为，植物不会在没有充分理由的情况下调用资源。

浓荫下的低枝是"防御者树枝"。它们的功能不是捕获阳光，而是扼杀树荫下潜在的竞争对手。森林里并非暗无天日，即使是最茂密的雨林，也有足够的光线让我们看清眼前的道路。森林不是洞穴，完全的遮蔽意味着在正午时分都要打手电筒，我从来没有去过那样的森林。

防御者树枝会进一步遮蔽抵达地面的微弱光线。别忘了耐阴树的策略是在树荫下扎根，缓慢生长最终获得大量阳光。假如竞争对手的幼苗在大树下获得了足够维持生长的光照，它很快就会被防御者树枝扼杀。

防御者树枝和主枝干长得不一样，不太可能混淆。两者之间有一段长长的、光秃秃的树干。在我们头顶上空，茂密的树枝一直延伸到树冠层。而在与我们头部相当的位置，可能会有一两根小树枝伸出来。防御者树枝不会向上生长，往往是水平伸展，因为它们不在乎天空与阳光。它们的存在，是为了在自己脚下本已昏暗的地面撑起一把压制性的遮阳伞。

树木的 B 计划

树皮下休眠的苞芽时刻准备着长成新树枝。休眠苞芽遍布整棵树，尤其是树干底部，苞芽会向外生长，并与树根融合。正常情况下，这些苞芽几乎没有萌发的机会，它们只能静静地躺在树皮下等待时机。（剥开树干底部的树皮，你可以在裸露的树干上找到休眠的苞芽，它们看起来像粉刺一般。）

树一旦出现严重的健康问题，激素就会发生变化，平时安静腼腆的苞芽不再沉睡，而是迅速行动，萌生为充满活力的枝条，它们被称为"表皮芽"。如果你看到很多小树枝突然从树干或较大的树枝上冒出来，这表明树木可能正因疾病、损伤、干旱、火灾、衰老等压力事件陷入困境。此时抬头看看树冠顶部，你会发现这棵树的健康状况并不乐观。

大部分嫩芽会在几年之后凋落，只留下一两根树枝从树干一侧向上生长。这些树枝通常都很细，它们笔直地朝着树冠生长，因为树冠层是森林里唯一有大量光照的地方。（向上生长使这些树枝看起来不同于为了投射阴影而水平延伸的防御者树枝。）

如果一棵大树长出细瘦而直立的枝条，并且紧紧地依附在树干上（说明它由表皮芽发育而来）。看看它的上方或附近是否有生病或受伤的迹象，这可能是它开始生长的原因。在本章开头，绊倒我的正是这种类型的树枝。树枝之所以长成眼前的形状、之所以在这个位置生长，都是有原因的。如果你睁大双眼，很容易就能发现其中的原因。

当然，凡事都有例外，健康的酸橙也会长出很多苞芽。但对于大部分树种而言，表皮芽是陷入困境的标志，它们的生长是树木的 B 计划。A 计划是从顶部奋力生长，随着时间的推移将权力委托给低处的树枝。一旦计划失败，为了生存就无需严格地遵守规则。如果主树冠处境艰难，能量不足以维持生长，它就会拉动开伞索，从底部抛撒出上百根树枝。"这是它们意料之外的事情！"

底部的新芽一开始如杂草般丛生，但它们能发挥作用，它们是真正的树枝，会在条件允许的情况下继续生长。大部分新芽会枯萎，只有一小部分可能存活，继而长成健壮的树枝，替代原有的树干。

想要通过树干底部的小树枝来推断这棵树的经历不太容易做到，但如果是一棵在几十年前采取过 B 计划的树，则很有可能被识别出来。因为此时我们可以看到那些幸存下来并长成树干的表皮枝。

早在石器时代，人类就开始利用树木的再生技巧，即充分利用在树木 B 计划中长出来的新芽。有一种做法叫矮林平茬，通过定期砍伐靠近地面的树干，收割榛树等树种的幼树木材。与矮林平茬相似的另一种传统做法是修剪树冠，原理相同，只是修剪的部位更高一点，大约是齐头的位置。所有的树苗都很容易受到动物的伤害，修剪树冠既可以获得木材，也能保护树木免受食草动物的伤害。

矮林平荏和修剪树冠听起来很残酷，一不小心还可能对老树造成致命伤害，但为了应对这种无端的野蛮行径，大部分阔叶树会长出一大批新芽，这些新芽很快就会发育成健康的树干。因此，这么做非但没有杀死它们，反而使树木永葆青春，延年益寿。本章开头介绍的托尔普德尔桐叶槭的树龄很大，为了维持它的寿命，人们在修剪它的树冠时非常小心。专家认为修剪可以让这棵树多活两个世纪。

修剪下来的木材在以前有许多实际用途，诸如制作栅栏、铺设铁轨或充当柴火等等。如今，人们仍会修剪树冠或进行矮林作业，但这么做更多只是作为一种林地保护技术，而不是为了获取木材。我们看到的许多有趣的树形，正是因为修剪而形成的。

表皮芽可以在树上任何一个地方萌发，但一般都长在树干底部。附近有棵桐叶槭得病了，我没辨认出是什么病症，可能是根部受到损伤，因为它所有的主枝干都遇到了麻烦。这棵桐叶槭是按照A计划生长的，从树干向上伸展，进而分生出第二、第三层级的枝杈，但树枝上所有叶子都病恹恹的。与此同时，上千根细长且垂直的树枝从树干上萌发，这些树枝都还长着健康的叶子。这让这棵树看起来很奇怪，一边绿意盎然，一边苟延残喘。显然，它遇到了严重的麻烦。这棵桐叶槭在冬天看起来就像是树和

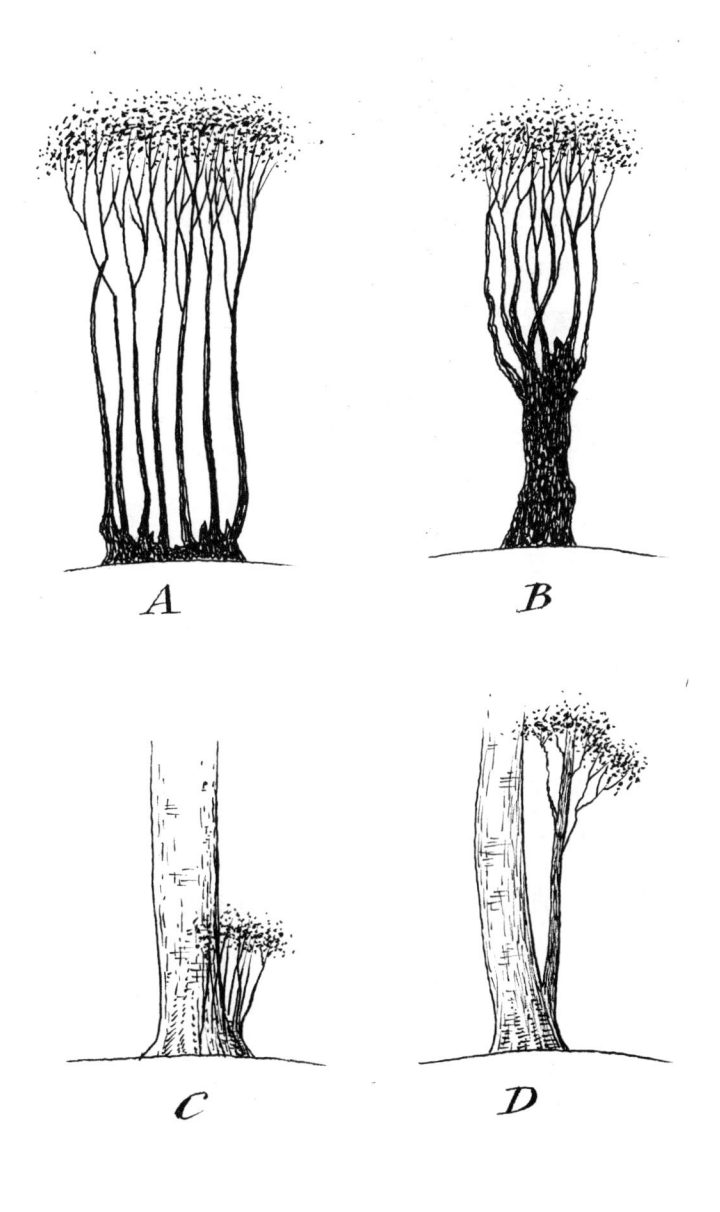

A：矮林平茬　　B：修剪树冠　　C：表皮芽　　D：伏芽枝

刺猬的混合体。

我在许多树种中都见过从树杈里长出来的树枝，最多的可能是桦树，它们看起来就像是拇指和食指之间的第六根手指，感觉很不舒服，但却非常自然。树杈附近的树皮下有大量休眠的苞芽，我们只是看到了已经萌发的那一小部分。

指向南方的新枝

有一次，在去看儿子比赛的途中，我和妻子索菲度过了一个有趣的周末。我们沿着诺福克郡和萨福克郡交界处的公路行驶，落脚点是伊普斯维奇的一家旅馆。一路上有许多我们没有探索过的地方，我让妻子停下车，一起走进了一片树林。这听起来有点不可思议，但我预感到自己可能会有新发现。我的预感不一定对，却催促我不断向前。

我沿着废弃的铁路走进一片混交林[1]，索菲没跟我一起，她是个既耐心又慷慨的人，不像我那么疯狂。天空中高耸的积云清晰地指向太阳，我拿出相机拍摄了几分钟。随后，我决定做一次"隐形扶手"的练习，内容是根据一条大致的线路，在野外自由漫步。在练习过程中，我们心里要有数，知道就算沿着陌生的路线，也很容易找到返回的路。

---

1 混交林，由两个或两个以上树种组成的森林。

我朝着西南方向前进，知道自己可以在任何一个兴起而往的地方漫步，并始终能依靠自然导航安全返回。我可以利用太阳、树木或云朵再次向北行进，看到铁路路堤之后右转，最后回到停车的地方。"隐形扶手"会给我们一些自由，让我们能在不借助地图、手机也不遵循既定路线或既有道路的情况下找到返程路。（这个练习能使我们摆脱思维的束缚，不受原定计划的影响，因而往往会有意想不到的收获。）大约十分钟后，我在一片空地的边缘看到了三棵橡树，在它们身上发现了一个可用于自然导航的指南针。

光照水平的变化会触发新枝的生长。如果一棵在树荫下生活多年的橡树突然发现自己置身于光照之中，很可能会爆发出一些新芽，并且大部分都萌发在光照充足的树干南面。这些新枝不同于普通树枝与防御者树枝，它们普遍短小而无序，更像浓密的胡茬。这三棵橡树的南面都长着嫩枝，就像一个完美的指南针。我以前从未注意过这一点，还曾在它的附近苦寻方向。现在，我读懂了这个标志，相信你也可以做到。话说回来，也不必为从前的粗心感到懊悔，这个发现会让未来的旅程充满快乐。

回家后，我又深入了解了树木的这种现象。我肯定不是第一个注意到这一点的人，但或许是首个将其应用于导航的人。果然，我检索到一篇论文，文中提到这种现象在林地变得稀疏之后很常见。这些嫩枝也是由表皮芽发育而来，与树木通过 B 计划长出来的树枝相同，只不过它们的生长是由新的光源触发，而非不健康状态所致。文中还列出了最有可能出现这种现象的树种，我很高兴地看到橡树排在名单首位。桦树和梣木都接近末尾。作者将这种嫩枝命名为"水芽"，但对我而言，它们永远是"指向南方的新枝"。

想要逃离森林的树

风暴、灾难、疾病以及人类活动等各种原因，会使树林形成许多空地。如果这些空地出现在宽阔地带，就会被先锋树所填补；如果只是形成狭窄的空隙，就会被邻近树木伸长的枝条占领。

树枝的末端与顶芽一样，也会对光照水平的变化做出反应，树枝扭动着生长，但不会在树冠层相互挤压。在成熟的树林里，由于"树冠羞避"的作用，每棵树的树冠都与别的树冠保持一定的距离，露出一条细瘦的天际线。（一旦有树枝"越界"，双方就会"交战"，最终在边界附近"停火"。）

5年前，一排冷杉从我家附近的针叶树种植园被移走，留下了一块新的空地。现在空地两侧的树枝侵占了这个空间，它们遮蔽了大部分新的光线。

在林地边缘，树木内外两侧的树枝有着显著的差异。内侧阴暗，树枝的生长非常受限；外侧光线充足，树枝则长得粗壮而修长。看上去树枝似乎想要挣脱树林的"束缚"，在"逃离森林"，获得自由。这种现象有时非常明显，从某种意义上来说，靠近林地内侧的树枝被它们的邻居杀死了。

在穿林而过的轨道或公路上方,"逃离森林"的现象更加明显。道路两旁的树枝向中间侵入,试图填满这个空间,这种现象我称之为"大道效应"。人工修筑的穿林道路使用频繁,且会定期维护,先锋树永远无法填补上这个空白,从而凸显了"大道效应"。但在野外环境里,空地两侧的树枝会长得长一些,也有少部分先锋树从中间的空地萌发,偷走大量新光照。仍在使用的道路两侧的树木,只有较高处的树枝能够自由生长,它们充分把握并利用了这个机会。

一旦树枝长势过旺,妨碍到下方道路的通行,就需要进行修剪。林地作业非常繁忙,往来的重型货车或拖拉机无意中也会撞击树枝。几乎每一条穿过林地的路线都能看到两种现象:一方面树枝大肆入侵道路上方的空间,另一方面,树枝上有被切断或撞击的痕迹。

对自然导航家来说,了解这些现象非常重要,研究它们甚至能够发展成一种有趣的艺术形式。生于开放地带的树,树枝更大的一侧意味着更充足的阳光,此时我们看到的是树的南面。但是,在观察丛生或成列的树时,我们必须对大道效应保持敏感。例如许多大树枝从林地北侧冒出,这是因为相较之下,树林北侧的天空要比拥挤昏暗的南侧明亮得多。

有一些地方的山顶或田野中心有树岛(微型森林)。树岛里的树由于防御、狩猎,甚至税收的缘故而未被砍伐。曾经在包括德国在内的一些国家里，长有几棵树的土地比空地的税负更少。

观察这些微型森林，你会看到树枝试图从岛屿的四周逃逸，这些树枝的分布也是不均匀的。树枝坚定地生长在明亮的南侧，而最长的树枝很可能生长在下风侧[1]，尤其是山顶的树岛。如果你绕着一片茂密的树林走一圈，可以注意一下树枝长度的波动，以及每走几步林地边缘特征的变化。

在英格兰西南部，多塞特郡的赢绿山令人惊叹。在山脊上遇到树岛，是对我跋涉了一天的馈赠。赢绿山山顶可以俯瞰三个郡，越过海面能望向怀特岛。有几个人爬了上去，欣赏周围奇妙的景色；我的目光则集中在山顶上的水青冈树岛。我绕着树走，陶醉于水青冈生长的模式。

树岛南边的树枝结实而修长，东北侧却逐渐变小，就像微风中的彩带。这个简单的原则鲜明地呈现在我眼前，让我兴奋不已。下山的路上，我想着如果我们一边绕着树岛环行，一边拍摄它的边缘，通过倍速播放影片，就有可能会看到树枝在呼吸。我思绪飞扬，心情愉悦，突然脚底一滑，差点儿摔倒。

河流会形成一种特殊的大道效应，河岸两旁喜水的树种会把树枝伸向水面上方，自由通行。没有人类的打扰，它们可以长得非常修长。这里既没有电锯，也没有竞争对手，对于能够适应潮湿土壤的树种来说，河面的光线是一场纯粹的阳光盛宴。

---

1 下风侧、上风侧指的是风吹来的方向，下风侧指的是风离开的方向。

有一年深秋，我到斯诺登尼亚国家公园拜访一位林地保护专家。我们愉快地攀谈了几个小时，见到了许多稀有而奇妙的物种，它们在威尔士西海岸附近温和潮湿的山区蓬勃生长。随后我们轻快地爬上潮湿的岩石，来到了一座壮丽的瀑布面前，这座瀑布会让华兹华斯[1]兴奋不已。（最高耸、最壮观的瀑布往往最受瞩目，但根据我的经验，近在咫尺的小瀑布更能震撼我们。）一层薄雾在雷鸣般的震动中升起，从我们面前飘向树林，那里孕育着苔藓和地衣。我低头看了看这条小河，这里的树枝试图相遇、聚拢在一起，这是一个类似大道效应的迷人例子。

在河岸两旁，无梗花栎的枝条越过它们潮湿的、被苔藓覆盖的根部，试图穿越喧腾的白色湍流。人们可能会想当然地认为两岸的枝条会在河中央相遇，但并没有。溪水自西向东流淌，河岸被分割为南北两侧。南岸的枝条因为阳光更充足，所以伸展得更远。

树木的对生或互生

大部分阔叶树的树枝要么是对生，要么是互生。如果你看到年轻的树枝上，枝叶呈轴对称分布，那么这棵树就是对生；反之则可能是互生。（这一规律适用于同一棵树的所有分枝，但随着

---

1 华兹华斯（William Wordsworth，1770—1850），英国浪漫主义诗人。

互生　　　　　　　　　　　　对生

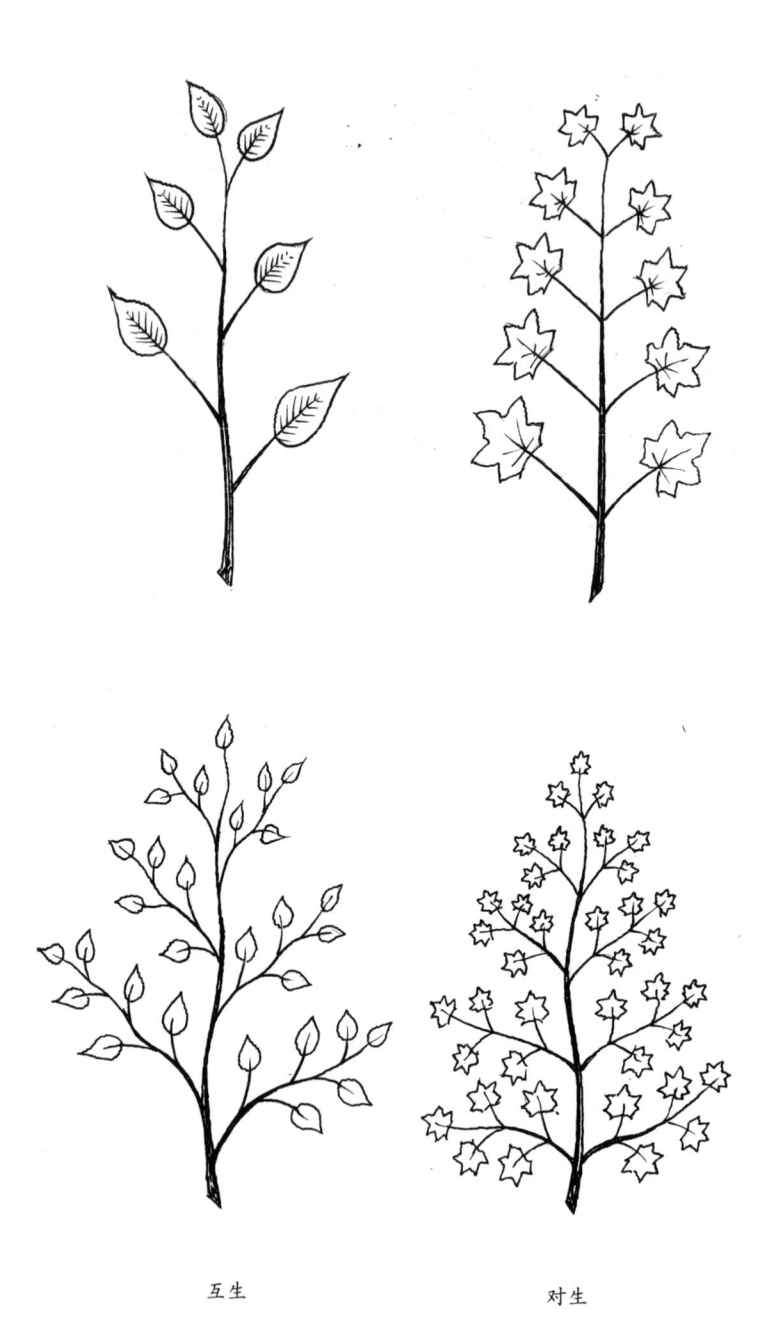

树龄渐长,树会脱落许多树枝,所以我们并不总是能够在树木最古老的部位看到标准示范。)

这种模式会重复出现在同一棵树的不同层级。如果叶子或嫩芽彼此相对,那么大小树枝也是如此;如果叶子交替生长,树枝亦然。换句话说,如果你看到两片对生的叶子,把镜头拉远一点,你也会看到很多对生的树枝。

杨树、樱桃和橡树是互生模式,槭树和梣木是对生模式。

之字形生长

顶芽引导枝条的生长,但不同树种顶芽的生长模式有所不同。有的顶芽坚定向前,有的则会中途易辙。有些顶芽生长一季之后,在冬天休眠,来年再次生长,形成相对笔直的枝干。然而,有的顶芽则只能生长一年,大部分会发育成花芽,最终停止生长。第二年春天,新的苞芽从花芽相对的一侧萌生,这改变了树枝的角度,结果就长成了之字形。

笔直地生长被称为"单轴生长",之字形生长则是"合轴生长"。水青冈和大部分针叶树是单轴生长,橡树则是合轴生长。

还记得本章开头的练习吗?现在是复习的好时机。还记得你背对着的那棵树吗?详细描述树枝可能很难,但如果让你重新面对那棵树,或者找一棵新的树,寻找是否有之字形树枝,你可能会注意到以前很难察觉的模式。树枝要么笔直而干净,要么弯曲而凌乱。这个练习在冬天做起来最简单，没有树叶的遮挡，我们很容易看清树枝的形态。但如果你尝试用一棵枝繁叶茂的树来练习，那么请你寻找一棵独立生长且后面有明亮天空的树。

我想让你试着用同一棵树来完成另一个练习：请选择一根主枝，目光跟随它从树干处往外移动，看看你能否准确地预测树枝生长的路径。如果练习过程很简单，说明你看到的可能是单轴生长的树；如果非常棘手，那么它更有可能是一棵合轴生长的树。记住，合轴生长的树枝每年改变一次方向，因此它们不在同一条线上。当你的目光跟随合轴生长的树枝移动时，就像是在一个陌生的小镇上向一位热情的陌生人问路。他让你"向左、向右、再向右，然后向左、再向左，向右，再向左……"而单轴生长的树会跟你说："从树干出发，朝着光线进发。"

单轴生长的树的小树枝从主枝两侧长出来，它们的顶芽不会每年都造成障碍并改变生长方向。我在冬天看到的单轴生长的树，主枝通常是深色的，从树干到树冠边缘逐渐变细。我家附近有棵野樱桃，也是单轴生长，我的目光跟着大树枝、小树枝游走，可以一直追随到树冠的边缘。

另一种判断方法是从树干中部往树冠边缘看，看看能否数清有多少根树枝。单轴生长的树可能不太容易数清，但起码还有一线希望；如果是合轴生长的树，请你在数到一百的时候赶紧停下来！冬天的时候，我一看到欧洲七叶树就忍不住计算它树枝的数量,真的是非常荒谬。

单轴生长的树更像是标准的金字塔,合轴生长的树则是圆润的球形。合轴生长的树枝总是互生,从不对生。

单轴生长的树

大部分针叶树

水青冈

冬青

梣木

李属,包括樱属

山茱萸

合轴生长的树

悬铃木

橡树

槭树

桦树

榆树

酸橙

桐叶槭

柳树

苹果属

一棵树能长多少层树枝？

对树木来说，大量的光照意味着大量的细枝。这是一个简单而美丽的模式，但解释起来却有点复杂。

如果你看过从高山奔流到大海的大型水系的卫星图像，就会看到海岸附近的宽阔河流和山上几十条细小的溪流。类似的还有血液从动脉流入肝脏等器官的示意图，一端是大血管，另一端是几十个较小的分支。当主要管道分裂成更小的管道时，就形成了分支的另一个"层次"。

树枝也是如此，这没什么好大惊小怪的，毕竟树木是树形图的范本。从铁路、公司层级、珊瑚到家谱，几乎所有的细分系统都用树形图来做类比。

如果一棵树只有几根大树枝，没有其他枝干，我们可以说它只有一个层级。不过，因为大树枝不长叶子，所以活着的树从来都不是单层的（你可能在枯死的树上看到）。当一个小分枝从母体长出，我们会说树又分生了一层。更小的分枝从二级分枝长出，这棵树就有了三个层次。树木会长多少个层次？

光照充足的树会向四面八方开枝散叶，以求光合作用的效率最大化。树枝最多可达八层，初级分枝、次级分枝、三级分枝……直到第八层级的小分枝！不过，在浓密林荫下生长的树可能只有三个层级。想象一下，你是一股沿着树干向上流动的水流，试图滋润每一片叶子。在阴凉的热带雨林，你可能只需要经过三个路口就能到达；但要想到达一片被阳光照耀的先锋树的叶子，你需要再转五个弯。

第一级分枝，即最终长成附着在树干上的大分枝，其主要目标是远离躯干，走向光明。树在早期最不需要的就是很多个层次。层次越多越杂乱，看起来像是海绵。树很聪明，它们能将分枝控制在合适的层级。每一级的分枝顶芽都会派遣信使（即生长素）向下传递信息，第一年信使传来的信号是要猛踩刹车，阻止枝干长出二级分枝。此后，信使传来放松刹车片的指令，于是第二级枝干开始生长。

这听起来可能很复杂，专业性很强，但简而言之就是"大量的光照意味着大量的细枝"。

不平衡的枝领[1]

我想请你完成一组对比实验，这需要费点力气。实验需要一个有一定重量的物品，下面我们以一本大部头的精装书为道具介绍操作步骤。第一项实验：请你单手将书举过头顶，直到手臂感到疲劳再放下来，并记录下你举了多长时间。完成之后，好好活动一下你的手臂，休息几分钟。第二项实验：这次不要把书举过头顶，而是双手平举。当你的手臂感到不舒服时就停止计时。大

---

[1] 枝领是木本植物枝干之间的肩部，由每年重叠的树干组织生成。

部分人觉得第二项实验比第一项的要求更高，维持的时间也更短。树也是一样。

树枝带来了一些结构上的难题。树木之所以能在竞争中脱颖而出，很大程度上归功于它们那强壮的树干，但树干本身并不长叶子，因此需要枝条来承托叶片。树枝与树干相似，都倾向于垂直生长。树干垂直于地面，向上生长；树枝则垂直于树干，水平生长，这对树木来说是一个挑战。这个问题可以用建筑物来类比，直插云霄的摩天大楼，有些可达百层；但我们却找不到既高又细，还带有长长延伸物的建筑。树枝就像是被迫以不利于工程稳定性的角度生长的小树干。

回到前面的举重练习，当我们把重量压在上面，骨头承担了大部分重量，肌肉起到一小部分作用，力的分布很均匀。但当我们水平托举书本，很快就会察觉有些肌肉必须非常卖力地工作。肩膀和手臂部位的肌肉会感受到很大的压力。树也是如此，因为物理原理是相同的，树枝是水平支撑重物的手臂，因而产生了压力和拉力。

有位理论物理学家克劳斯·马特塞克博士（Dr. Claus Mattheck），后来成了树木专家。（他有个头衔是"破坏性科学教授"，希望这是他小时候的梦想。）马特塞克将自己对压力的深刻理解应用到了对树木的研究当中。他认为压力的产生自有原因，也会导致相应的后果。简而言之，树木不喜欢不平衡的压力，它们会长出木材来平衡压力。

如果多年来我们的体重都很稳定，那么肌肉就会发育成可以应对自身体重的水平。人们去健身房是为了增加更多的"木材"。树在感觉有压力的地方会长出更多木材，即"应力木"，这是树对压力做出的反应。

我们会感到肩膀附近的疼痛，树也会感受到这个部位的压力。它们会在树枝与树干衔接的地方长出额外的木材，形成"枝领"。这是非常坚硬的木材。历史上这种木材被用在受力的关键处，青铜时代的斧柄就被发现使用了枝领。

请你找一棵有粗大而低矮的树枝的树，观察树枝与树干的连接处，你会发现那里不是一条直线。这个位置的树皮从连接处向外生长，越来越宽。仔细观察，你会注意到枝领的顶部和底部不同，并不对称。

阔叶树和针叶树都长有应力木，但它们采取了不同的策略。了解不同结构中"压缩"和"扩张"这两种基本的力很重要，树木也面临同样的压力。想要支撑物体抵抗重力有两种方法：一种是往上推，另一种是向上拉。

想象你正在移动一个高高的书架，它开始倒向你。慌乱中你用力推了推书架，结果它开始朝反方向倒去，你又轻轻拉了一把，书架终于立稳了。由于你反应快速，先推后拉，书架没有倒下。

针叶树用"应压木"把树枝往上推，阔叶树用"应拉木"把它们向上拉。应拉木的细胞会"拉伸"，就像帐篷上的拉绳，这改变了包括枝领在内的一些部位的形状。针叶树的应压木长在连接处下方,阔叶树的应拉木长在连接处上方。木材的拉力强于推力,但无论是应压木还是应拉木,它们的力量都非常强大。

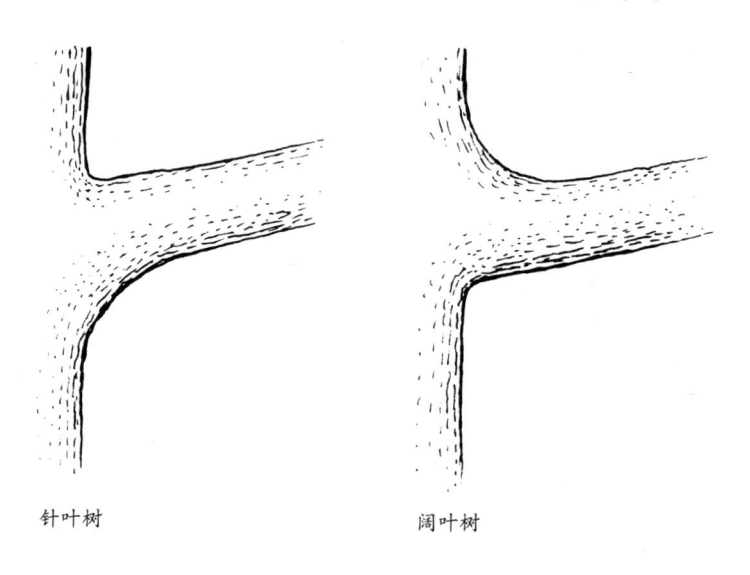

针叶树　　　　　　阔叶树

树为什么要对这些情况做出反应？一开始就变得足够强大,一劳永逸不是更好吗？答案是树并不知道最大的压力会以什么方式出现,在哪里产生,长出大量可能永远也派不上用场的额外木材的效率很低。树与人不一样,一个人停止锻炼之后,他的肌肉会慢慢流失,但木材的生长是不可逆的：前一年长出的木材,不会在下一年就脱落。木材一旦长出,就成型了。

有个关键问题,树木无法预知树枝会长多长。光照强度可能会导致树木自我修剪掉嫩枝,也可能让嫩枝生长为古老而强壮的粗枝。如果一棵树为嫩枝和粗枝都长出同样大小和形状的枝领,那是很不合理的。因此，枝领需要不断进行调整，形状也总是在发生变化。

树木也无法预知其他力量的影响。积雪可能压弯树枝，强风可能把树连根拔起，甚至侵蚀土壤。一旦土壤滑坡，树木倾斜，树干和所有树枝都会通过生长应力木来适应新的角度和压力。

树枝的无声控诉

树枝向阳而生，末端随着光照的变化而变化。大路和河流两边的树枝对光照有强烈的偏好，展现出大道效应。当你深谙其道，就会发现一些不太典型的例子。

大约十年前，我发现我家附近树林里的水青冈树枝奇怪地弯曲着，弯曲方向始终朝向榛子树。我花了好几天才弄明白这是怎么回事。很可能是因为光照突然变多了，于是树枝开始朝新的空地聚拢。但这个缺口不会存在太久，野花、灌木和先锋树很快就会在此安营扎寨，攫取光照，填补缝隙。在空地被彻底覆盖之前，附近生长已久的树枝已经开始朝这里倾斜。即便后来先锋树填补上了缺口，老树枝的弯曲痕迹也不会消失，因为木材一旦长出，形状就不会再改变。

这些树枝都指向先锋树，仿佛是对年轻树木抢占地盘的控诉。

女巫的扫帚

有时候你可能还会看到枝干上迸发出了非常密集的小树枝，看起来像一把扫帚，但比扫帚凌乱得多，更像是"女巫的扫帚"。这是树木的一种略显混乱的防御反应。可能是因为激素发生了变化，也可能是受到了细菌、真菌或病毒的入侵，结果就是一束长有叶子的小树枝缠绕在一起。一些大胆的小动物会在里面筑巢。

每次在树林里看到这种现象都会使我想到，树的激素通常能很好地维持秩序，如果调节激素不能告诉每个正在生长的苞芽该做什么、什么时候做，那么所有的树都会变得混乱不堪。

每根树枝都需要独立空间

树能想出各种各样的办法来长出大量树枝，既能有效地填满空间，又不至于完全处于混乱状态，这简直是个奇迹。每个树种都有自己的策略，但有一条黄金法则：树枝要找到一个合适的角度，朝向光线，彼此远离。这通常与基因和环境有关。基因告诉树枝要远离树干，赋予了它们大致的形态，光线则雕刻出具体的角度。这就是为什么树木南面的树枝更接近水平方向，北面的树枝更垂直，前者是为了接近太阳，后者是为了接近上方明亮的天空。这对自然导航至关重要，从侧面看树枝像个钩号，我称之为"钩号现象"。

当然，没有完美的系统。树枝有时会长得过于靠近，甚至在缓慢生长的过程中相互触碰。在没有外界干扰的时候，这种情况很少发生。然而，动物、风吹、掉落的树枝、疾病以及其他问题，都可能导致树枝之间发生碰撞。当一根树枝靠在另一根树枝上时，起初并没有什么令人兴奋的事情发生。但随着时间的推移，这两根树枝因为在风中移动而互相摩擦，会磨掉它们接触部位的树皮，树皮下生长的组织会接触并"融合"在一起，它们有福同享，有难同当。这种合作关系被称为"相互融合"。如果是小树枝连在一起，会形成一种有趣的模样，基本不会对树造成任何伤害，也不会产生严重后果。但如果是主枝融合了，或者融合的小枝不断长大，就会给树的整体结构埋下一颗定时炸弹。

互相融合的两根树枝，几年之内可能十分平稳。它们确实能够相互支撑，但讽刺的是，它们无法长出自身所需的支撑木材。这就好比一个小孩要学自行车，如果不拆掉自行车上的辅助轮，他们就永远不能掌握平衡。

最终，两根树枝中的一根会渐渐衰弱或折落，它的合作伙伴没有能力应对这种情况。融合的树枝迟早会长大，可能会造成不可估量的后果，因此园艺工人会及时修剪。我们会在后文树干那一章里再次提到这个问题。

第五章

风的足迹

风会在树上留下痕迹，有的轻柔如丝，有的则猛烈如锤。微风只是轻轻拂动树梢，狂风却能令百年老树屈服倒地。

这一章我们将探讨风对树木形态的各种影响，先从最剧烈的变化开始，然后是一些较为温和的影响。最后，我们来探索一些更神秘的现象。

强风的致命杀伤力

2013年12月23日，风暴席卷英格兰东南部的肯特郡，当地居民纷纷避难。风暴过后，唐娜发现自己地里一棵12米高的冷杉被飓风吹倒，躺在了地上。这棵冷杉的底部被风暴旋起，根部随着翻起的大土块暴露出来。邻居汤姆表示自己会处理好这棵冷杉，但他并不着急。冷杉就这样在地上侧躺了一个月。

2014年2月1日，距离上一场风暴不到6周，风暴再次来袭。风力减弱之后，人们出门检查各处受损情况，他们担心会失去更多的树。唐娜吃惊地发现，地里那棵去年倒下的冷杉现在完全直立了起来。这场风暴从相反的方向吹来，使冷杉得以重新直立。邻居们都很惊讶。

"这太奇怪了，大风把冷杉扶得非常正。我们惊呆了，风暴是唯一能把冷杉扶正的力量。"

风暴过去近十年，我怀着好奇询问了那棵冷杉的近况。

唐娜告诉我："它还活着，而且很健康！"从那棵神奇的冷杉身上，我感受到树的一丝骄傲。

这不是常见的现象。树一旦倒下，就再也无法直立起来，但这并不意味着它会死亡。

强风把树吹倒，会造成两种完全不同的结果。最常见的是树被完整地连根拔起，根球扭曲着暴露于地面。云杉尤其容易遇到这种情况，如果风力足够大，几乎所有树木都有可能倒下。这就是在第一场风暴中发生在肯特郡那棵冷杉身上的情况。连续的暴雨削弱了土壤的稳固性，此时树更可能被连根拔起，何况那棵冷杉还扎根于较为松软的土壤中。观察一棵被连根拔起的树时，我们需要注意其根部是否断裂，周围的土壤是否隆起，这两种情况经常相伴出现。树根通常在倒下的一侧（顺风侧）折断。

在风暴侵袭的地区，树会成列地顺风倒伏。一旦你确定了它们倒下的方向，被风暴击倒的树木可以清楚地指示方向，即便在茂密的丛林深处也是如此。倾倒的方向通常与盛行风向一致，但也并不绝对，强风可能来自各个方向。

第二种情况是树被风拦腰折断，此时树根紧抓土地，但树干折断了。这种情况很少发生，因为树干的结构本身没有弱点。疾病或旧伤会增加拦腰折断的几率，若有树是不久前被拦腰折断的，我们可以在它的断裂处找到腐烂或感染的迹象。通常情况下，树皮和断裂处的木材颜色会发生变化，有时真菌会从伤口处翻涌而出。

对树木来说，风折是致命的，会杀死成年树；风倒通常并不致命，只要主根仍然完好地固定在土壤中，树就很有可能继续存活。

幸存下来的针叶树会从原来的最高点继续生长，阔叶树则尝试着从最接近树根、最粗壮的幸存树枝里长出新树干。这造就了有趣的模式和外观，几十年后还能被辨认出来，"竖琴树"就是典型的例子。

竖琴树

如果风把树吹倒，根球发生旋转，只要部分根系仍然保持完整，树就很可能存活。但是，这棵树需要彻底改变其生长计划。

压在下面的树枝尽管幸免于难，但很快就会在阴影中枯死，只留下上面的树枝。在压力和新光源的综合刺激下，树干上部的表皮芽开始生长，会在古老而平躺的树干上长出一系列并排的小树枝，非常引人注目。它们被叫作"竖琴树"或"凤凰树"，大概是因为就像凤凰涅槃重生一样。

树旗

几年前,我花了一天时间研究苏格兰高地凯恩戈姆山脉矮山坡上的积雪。那是美好而紧张的一天。起初,我发现了一些显著的迹象,比如雪大都堆积在岩石和树木的一侧。大雪过后,树的一侧通常附着有残雪,那是暴风雪袭来的方向。这些迹象很可靠,有助于自然导航。

随后,我开始寻找更微妙的线索。试图在零星的雪花上寻找蛛丝马迹,我全神贯注地搜寻了一下午,直到夕阳沉入山脊,但收获甚微。我叹了口气,稍事休息,决定不再去关注那些细节,把目光转向远处辽阔的风景。就在这时,我瞥见了树丛中闪烁着的"指示灯"。

山脊上的针叶树看起来就像一面面"树旗",坚定地指示着方向。它们提供了明晰的指引,让我惊喜不已。我不太了解神经科学,不懂为何从关注细节转向自然界中重大而显著的含义会让人欣喜若狂,不过,这一过程确实令我激动万分。

风会对树造成很大伤害,但不会杀死它们。毫无遮蔽的树在风中苦苦挣扎,部分树枝比其他树枝承受了更多痛苦,尤其是处在盛行风向的树枝。树冠的情况最糟糕,一面长势良好,另一面却光秃秃的,基本都是不对称的。幸存下来的树枝都指向远离盛行风的方向,所以被称为"树旗"。在北美和欧洲的中纬度地区,树旗往往指向东北方。在山上或海岸寻找这个标志非常有用。

树旗:图中幸存下来的树枝都指向远离盛行风的方向。

楔子、风洞和孤独的离群者

为了应对强风,树会长得更矮、更结实,树干越往上越细,呈现出明显的锥形。这就是为什么越往树林里面走树越高的原因,外围暴露在风中的树都长得比较低矮。面向盛行风的树是最矮的,这就是我所说的"楔子"(看起来有点像跑车的引擎盖,因为汽车要迎风行驶）。从外观看，整片树林就像一个楔子，楔入盛行风吹来的方向。在英国的西南部和大部分北温带地区，楔子朝西南方向；在北美的中纬度地区，它们更偏西一点。盛行风会影响当地景观，一旦你弄清楚自己所在区域的盛行风向，它也可以用于自然导航。

楔子：任何一片林地中迎风面的树往往长得比有庇护的树要矮一些。

风不仅能雕琢树林，也能改变单棵树的形状，将其塑造成符合空气动力学的形状。迎风面的树往往更低矮茂密，树枝长度更短、密度更大、颜色更深；背风面的树则更高大舒朗，透过树枝可以看到天空，我将这种现象称之为"风洞效应"。在下风侧，往往有单根树枝从主树冠探出来，指向下风侧，那是"孤独的离群者"。

风洞效应：图中的盛行风从左侧吹来，注意这棵树的外形，但也要注意下风侧更多的光照和那根"孤独的离群者"树枝。

极端情况下，风会杀死树枝，比如我们前面看到的"树旗"。但在杀死树枝之前，风会对树枝产生三种更微妙的影响。

第一，风会影响树顶的角度，使之朝盛行风向弯曲。在英国和北温带的大部分地区，盛行风从西南吹向东北；在北美的中纬度地区，风向通常自西向东。这是辨别方向时最有效的参照。

第二，风会影响枝干的长度，强风抑制了枝干的舒展。多风地区的树总体来说都比较矮小，尤其是迎风侧的树枝。

第三，风会影响树枝的角度，朝向则因生长位置而异。若以树干为参照，迎风侧的树枝一般呈锐角，更靠近树干；下风侧的树枝则与树干垂直，呈现出水平的姿势。具体而言，迎风侧的情况也有差异，原本向上指的树枝，风将推动它进一步上扬，朝向树干；反之亦然。因此，无论树枝向上还是向下，迎风侧的树枝都会靠近树干。在下风侧，树枝不与阵风正面相对，树枝顺风招展，远离树干，看起来像是风把树枝推离了树身。

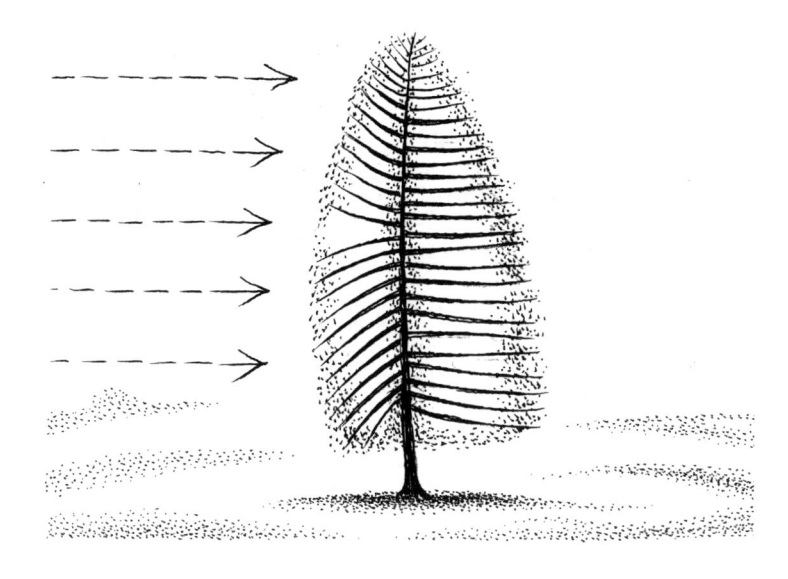

迎风侧较短的树枝朝树干弯曲，下风侧的树枝则更修长、更笔直。

身段灵活的树

风力对树木的影响既有长期的，也有瞬时的。到目前为止，我们看到的现象都是由强风或盛行风造成的结果，它们会产生持久的影响。但也有些变化只持续数秒，随后树木就会恢复原状。

不同树种对风的反应各不相同。有些树倔强不屈，有些则非常灵活，在这个意义上，树跟人有点儿像。趁着刮风的时候，我们要抓住机会观察树木应对风的不同方式。叶子在风中的形状瞬息万变，所幸它正背面的颜色不同，有助于我们观察风向。从一片叶子到一整棵树，其中隐藏着丰富的线索，值得我们仔细探寻。

风起时，阔叶树和针叶树的叶子形状明显不同。包括杨树在内的阔叶先锋树，叶子会卷成一个圈，让风顺利通过。松针会随风弯曲，但大部分短针叶不会发生明显的形变。如果一棵树的叶子在风中变形，那么它的枝干大概率也会随风摇摆。

我们前面谈到的风的影响往往是有害的，如果强风经常从同一方向刮来，随着时间的推移，将塑造出楔子、风洞和孤独的离群者。枝干屈伸的情况与之相似，但不完全相同。阵风可能会使树弯曲几秒钟，但风力一旦减弱，树就会反弹。

在我写下这些文字的时候，恰值一场风暴过境。面对大风，云杉欢快地上下舞动，树枝向上扬起而后落下，树干和叶子则没有大幅度的摆动。水青冈低处的枝干保持原形，高处的树枝则变了形，最外侧的树枝被阵风吹弯，随后又立即反弹回来。迎风侧的叶子在风中翻卷。水青冈的树梢轻轻地摆动着。

年轻的桦树随风摇摆，像大风中的游艇。与游艇上的桅杆不同，桦树细细的树干从树身一半高的地方弯下腰，快速前后摇晃，叶子也疯狂地拍打着，来回摆动。

不自然的树

到目前为止，本章所讨论的问题都很简单。但大自然喜欢将多个问题捆绑在一起，这让解读过程更具挑战性。有时候我们必须弄清楚自己看到的是持久的印记，还是几秒前留下的痕迹。

通过练习，我们能更容易分辨出风在树上留下的影响是暂时的还是长久的。练习的时候，我建议你先从长期的影响着手，它们往往在树上留下明显的痕迹，而后再逐渐了解瞬时的影响（这也是本章的写作思路）。

你可以寻找在暴风雨中倒下的树，看看它们是被连根拔起，还是拦腰折断。如果有机会，试着寻找生长在旷野、山顶或海岸附近的树。选一个风平浪静的日子，这样你就不需要破译哪些影响是由当天的风造成的，哪些又是存在多年的痕迹。如果你处于像城市这样较为封闭的环境中，可以将公园里所有树木的顶端视为一个整体来进行观察和分析。

研究你遇到的所有生长于空旷地带的树木的形状，试着从不同角度了解它们。注意它们的形状如何随着你观察视角的变化而发生变化，注意树梢弯曲的方向与盛行风之间的联系。

如果你能够熟练地分辨长期影响，那么，你就做好了寻找短期影响的准备。短期影响会使树看起来"不自然"。在完全没有遮蔽的地方，只有小树能茁壮成长。我家附近的山楂树，不惧狂风，长势良好。无论你身在何处，都有机会找到生活在强风中的树。在城市里，高楼附近、河流、长街的尽头，或者有风穿过的缝隙，都是容易刮大风的地方。

　　长期的风吹影响了枝干生长的走势，盛行风会将这种走势凸显出来。风平浪静的时候，树冠只是微微颔首，弯曲的幅度比较小；一有风从盛行风向吹来，树冠弯曲的幅度就会变大。但是，每个月总有那么几天，风是从别的方向吹来的，甚至偶尔还与盛行风的方向相反。这使旷野中的树呈现出一种"不自然"的外观。好比这棵树刚做了发型，把头发都梳理了一遍，却有人拿吹风机从"错误"方向乱吹一通。这棵树从光滑的流线型变成一种很不自然的外观，看起来既不舒服也不雅观。

不自然的树

看起来不自然的树是一个信号，它们表明奇怪的天气即将发生，与盛行风向相反的风告诉我们，此处正在经历不寻常的天气。

当我们意识到自己有时需要解读风和太阳对树形产生的综合影响时，终极挑战来了。如果风和太阳都在树上留下了印记，一时之间无从辨认，我建议你把风作为答案。因为从太阳和风二者对树木的影响力来看，风留下的痕迹总是要比太阳显著得多。

树荫空调

风改变了树木，树木也改变了风。在树木附近，风的强度和方向会发生显著的变化。如果看到有树被风吹得很奇怪、反常，你应该借机考察一番，了解成因，这对你很有帮助。

当风遇到树或树林，会被迫抬升，从而在树的迎风侧下方形成无风区，在下风侧形成背风区。夏天的时候，你可以在背风区看到蝴蝶和其他昆虫忙碌的身影。

风遇到障碍物的时候，底部会因摩擦而减速，导致气流发生翻滚并旋转。想象一下自己在全速奔跑时被绊倒的情景，你的上半身仍在快速前进，腿却慢了下来。结果可想而知，你会向前扑倒，甚至会在地上翻滚起来。风在越过树木的时候，也会遇到类似的情况。这种滚动的风被称为"涡流"。风经过树木的时候都会形成涡流，这就解释了为什么风总是一阵一阵的，似乎从各种奇怪的方向吹过来，在树的下风侧这种现象尤为明显。

刮风的时候，林地的边缘会很吵闹，随着你不断深入丛林，周围会逐渐安静下来。在林地里，树梢上的风最强劲，我们能听到树冠的沙沙声；地面很平静；树下则不时有微风吹拂。

林地里不同高度的风力并不相同，齐头高位置的风力比上下方更强一些。如果你在刮风的时候走进树林，微风拂过你的脸颊，那么你可以把手向下伸，会发现从膝盖往下，风就消失了。而稍高一点的树叶或树枝（头部上方约3米的位置）也没有风。这是林下风，它与密度有关，低处树枝稀疏，密度较低，空气能够较为顺畅地通过。在炎热的日子里，你可以站在树下，享受树荫下的凉风给你带来空调般的感觉。

当你对这些现象有了深入的了解，主动去探索它们会带给你极大的满足感。如果我们站在树林下风向的背风处，朝着远离树的方向走，我们就能追踪并探索这些涡流。这就像一种超能力，只需走上几步，你就能感受到风，再走几步，回到树下，你就能让它"关闭"。

一般情况下，风速与高度成正比。林下风的速度比冠层上方的风要慢一些，这意味着我们可以通过风声的变化和树冠的形变，追踪到林下风。调动你的视觉和听觉，在刮风的时候做这样一个实验：首先，面朝风吹来的方向，观察这个方向的大树，在风拂过树顶时开始计时；然后，留意一下风吹过你脸颊的时间，看看中间相隔多长时间。

深入了解那些受树木影响的风，有助于理解树上许多神秘的现象。林下风通常发生在距离地面一两米高的位置，使得这个高度的树叶比其他位置的树叶更粗糙。在大森林里，林地边缘的幼苗和先锋植物往往看起来"伤痕累累"，像是饱受涡流的摧残。而在由多座小树林组成的景观中，前一座树林形成的涡流会对下一座树林造成破坏，风在这里形成了许多有趣的模式。

第六章

树干的身材管理

人们画树的时候，通常只用两条简单的线来表示树干，而忽略了其他特征。自然界中没有两根相同的树干，有的略微弯曲，有的表面粗糙，还有的长成了叉子的形状。本章我们重点关注树干的特征及其含义。我们将从影响整棵树干生长的因素着手，逐步深入更具体的细节。

躬身相迎的树干

长在大路两旁或河岸边的树，会向路面或河面倾斜。这是因为道路与河流上方的空间有较充足的阳光，树枝向光照充足的区域延伸，树干也会做出同样的反应。下次走在路上或河边时，记得留意那些向你鞠躬的树干。

生长在树林中心和林地边缘的树，树干的生长角度会有差异。林地边缘的树干略微向外倾斜，如果看到这种情况，说明你即将走出树林。冬天的时候，你可以在坡地上的落叶林看到明显的倾斜。光秃秃的树木与背后明亮的天空形成了鲜明的对比，树木的轮廓清晰可见。

我喜欢想象那些树弯下身子来迎接我们的样子。虽然很难相信这是真的，但每次看到这样的情景都有一种温暖的感觉。

树干越粗，树越古老

早在会写"周长"这个词之前，我们就已经知道树干越粗，树越古老的常识了。通过周长计算年龄的方式，比丈量树身高度的做法更可靠，因为老树会变矮，树干却仍不断变粗。有些老树比它们的壮年时期更粗矮一些。

很多因素都会影响树的周长，但一般来说，露天环境下的树每年能生长 2.5 厘米。一棵周长 2.5 米的树大约要生长 100 年。林地里的树为了光照拼命向上，它们长出同样的周长则需要大约 200 年。而处于林地边缘的树，因为介于两者之间，同样 2.5 米的周长，它们要生长 150 年。

这种估算稍显粗略，但基本适用于阔叶树和针叶树。当然，对于北美红杉等年轻时长得飞快，越往后长得越慢的大型树种而言，这种估算就不太准确了。

一条河的总流量不会超过所有支流汇入的流量。树木也是如此，无论树有多高，树枝的总合与其主干都大致相同。如果将一棵大树顶部的小树枝紧密地捆扎起来，其体积与树干的体积相近。达·芬奇在《绘画论》中说:"一棵树会在不同的高度分生出许多树枝,如果将这些树枝合在一起,其粗壮程度与其下方的主干相当。"

这种认识有助于解释为何分枝上方的树干明显变细,那是因为分枝上方供应水分和营养的木材变少了。另一种观点认为,因为树木需要长出额外的木材来应对额外的重量和压力,所以树干要长得比树枝粗壮。

底部膨大,末端变细

英格兰北安普敦郡的威尔登,是一处皇家猎场,曾经被罗金厄姆森林包围。罗金厄姆是一片难以驾驭的森林,几千年来,人们一直在里面迷路。对此,威尔登地区有一个古老而巧妙的解决方法,直到今天仍在使用。

曾经有一个旅行者在罗金厄姆森林中迷了路,他通过威尔登教堂塔上的光线找到了出路。这位旅行者出于感激,决定把其他人也从迷路的恐慌中拯救出来,为此他捐赠了一笔钱,用于在威尔登圣玛利亚教堂顶部建造一个灯塔。这是英国唯一在内陆工作的灯塔。

灯塔可以教我们如何阅读树干的形状。18世纪的英国工程师约翰·斯米顿(John Smeaton)负责设计普利茅斯海岸的一座灯塔。斯米顿知道自己设计的建筑必须能够日夜对抗恶劣的环境。

对所有工程师来说，这都是一项艰巨的任务。不过，对于那些了解大自然，并且已经学会建造能够抵御风暴的高楼的人来说，任务就没那么艰巨了。你需要的是坚固的材料、稳定的底座，以及正确的形状。斯米顿设计埃迪斯通灯塔时，借鉴了橡树树干的形状，他知道，灯塔的形状可以不做过多改进，但石头比木头更能抵御无情海浪的侵蚀。从 1759 年到 1877 年，这座灯塔屹立了一个多世纪，塔楼本身的质量很不错。后来它之所以被取代，是因为塔基的岩石被侵蚀而变得不稳定。*

有些树的树干底部会越长越粗，橡树等树种的树干底部的膨胀比其他树种更为明显。树越高、越老，底部就膨胀得越厉害。高大的树必须面对强风的侵袭，人们很容易低估劲风的厉害程度。树顶要应对更强劲的风，一棵比自己的邻居更高的树没有任何庇护，额外的高度只会带来更强的冲击，使得底部不断膨大。加利福尼亚州内华达山脉有一棵 75 米高、3200 年树龄的巨型北美红杉，被称为总统树，是世界第二大的树，它底部那明显的膨大就是最好的例子。

每根树干都在末端变细，这既反映了该树种的特征，也反映了树枝生长的趋势。落叶松、桦树和桤木等先锋树种都喜欢在空旷多风的地方生长，它们的树枝都逐渐变细，长成鞭状的茎。橡

---

* 埃迪斯通灯塔被拆除后重建，自 1884 年以来一直矗立在那里，"以纪念土木工程中最成功、最有用、最有教育意义的作品之一"。

树和红杉等生长缓慢而稳定的树木则相反，最末端的树枝也还有一定的粗细。

随风而瘦

没有树干是完美对称的圆柱。切开一根树干，你以为会留下圆形的横截面；但其实，树干的横截面从来都不是完美的圆形。总有力量使树干扭曲，基因、环境和时间是三个主要因素。

有些树种的基因会反抗完美的形状。红豆杉便是如此。世界上没有一棵红豆杉树干的横截面是完美的圆形。许多矮小的树种通过长出多条主干，以打破单一的圆圈，榛子和桤木就热衷于此。多杆树种一开始从地面长出一束紧密的树枝，随着时间的推移，树干分道扬镳，互相分离。

水青冈和橡树等树种的健康植株，从一米多高到开始分杈的位置，树干的截面大致是规则的，乍一看是圆形，实际上更接近于椭圆。

树身的各个部分都会对风做出反应。树干大都会"随风而瘦"。在开阔地带绕着成熟的大树走几圈，你很快就会看到树干先是变胖，然后变瘦，最后又变胖。（这就是为什么林业员是按周长，而不是按直径来记录树木的年龄。）

英国的盛行风是从西南吹往东北，当你顺着盛行风方向看到的树干是最瘦的，但当你从东南看向西北时，树干看起来最胖。

东北

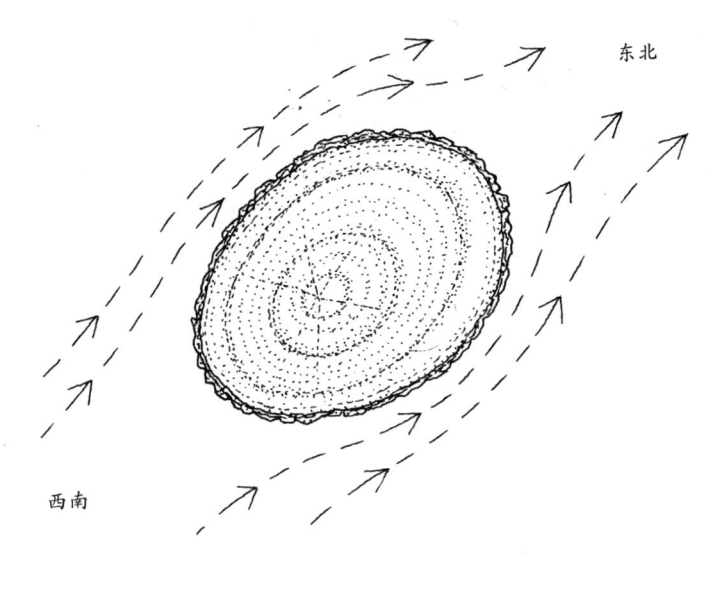

西南

随风而瘦

钟形底座和童话屋

有些树干会从地面优雅地"流"向顶部，但光滑的线条经常会被一些凸起所打破。树干底部轻微的隆起能使树变得稳定，但有些老树的底部看起来有点过于粗大。它们好像不想长成一棵树的模样，而是想变成一口巨大的钟。这被称作"钟形底座""底部的铃铛"或"瓶子的底部"，无论给它起什么名字，都只是反映了问题的表象。

哺乳动物的心、肝和肾等脏器一旦停止工作，就会危及生命。我们习惯于认为是身体内部的器官支持着生命的活力；但对于树木来说，情况恰好相反。

如果老树中心的组织已经坏死，但仍被树皮和外层组织所保护，那么，坏死的组织将作为一个稳定但没有生命的部分长期存在。如果有裂缝或其他弱点让微生物乘虚而入，那么内部组织就会开始腐败。许多古树都是从内部腐烂的。但如果外层还能够继续生长，它们仍可以维持几个世纪的生命。树木的外层是它们结构上最重要的部分，尽管这与我们的直觉相违背。

如果老树底部的中心组织出现问题，它可以通过向外生长，将受损区域包裹起来，继续存活。老树还会回收受损区域的部分营养，这些区域最终会在内部腐烂，重新回到土壤。（树干内部还会长出根系，以自己的朽木为食，这实在令人叹为观止。）

树木再一次通过长出更多木材来解决问题，于是就在树干底部创造出了一个钟形外观。裂缝或孔洞是病菌入侵的通道，它们会随着时间的推移而逐渐扩大。这些孔洞和裂隙深深地嵌入低处的树干中，好像一扇通往童话屋的大门，令人着迷。动物经常会在这些孔洞中筑巢或做窝，孩子们也喜欢在里面玩耍。有些奇妙的童话屋空间很大，甚至足以容纳一个成年人。我曾经蜷缩在大榆树上的一个童话屋里避雨。好吧，我承认，避雨只是我的借口。我躲进去是因为这么做让我感到很快乐。

树干的垫层

伦敦布鲁姆斯伯里区的贝德福德广场是一个拥有厚重文学传统的地方,到处都是宏伟的乔治亚风格的建筑。对于任何一个有抱负的作家来说,去这样的地方开会,都既兴奋又心怀敬畏。

我原本以为这次会议会改变我的人生,于是怀着迫切的心情提前40分钟到了那里。为了打发时间,我在贝德福德广场附近转悠。广场中心有一个花园,我想到花园里走走,却发现铁栅栏将花园围了起来。我只能透过围栏,窥探花园中的景色。我注意到,路边的二球悬铃木也想穿过缝隙进入花园,它们膨胀的树干底部吞没了金属栏杆。

树干会随着树的生长变得粗壮。如果树干遇到岩石、砖块或铁栏杆之类坚硬的东西,就会长出额外的木材,形成一个"垫层"。新木材会在接触点形成扶壁[1],有时它会"吞没"障碍物。树干似乎渴望吞下任何妨碍它们的东西。

尽管我个人觉得会议进行得很顺利,应该会有不错的结果,但事与愿违,这次会议并不像我预想的那样成为我人生关键的转折点。我们以为会改变自己生活的时刻,并不一定真的有用,真正重大的时刻往往是悄然而至的。生活仍在继续,长时间的徒步排解了我沮丧的心情,我也长出了一层"情绪垫层",以便在下

---

1 扶壁,又称扶垛,外墙凸出之墙垛。

次遇到难关的时候能更好地保护自己。

局部凸起和脊状隆起

动物和植物应对创伤的方式各不相同。有些动物能够通过再生来修复创伤,但树木的组织却无法再生,只能通过长出更多木材来解决问题。生长额外的木材,是树木应对伤害的看家本领,这些增生的木材,主要呈现两种外观:局部凸起和脊状隆起。

1. 局部凸起

所谓凸起,是指原本光滑平坦的树干突然出现增生,导致局部肿胀、隆起。凸起多见于树干,比膨大的基部还要突出。出现这种情况,表明这棵树内部遇到了"敌人"。由于增生而导致的凸起,是树木与"敌人"抗争的证据。

凸起有两种类型:一种是像波浪那样平缓,一种是像台阶那样陡峭。如果你在树上见到了类似的情形,记得观察凸起的特征,看看是属于哪一种。

波浪状凸起是树干腐烂的迹象,情况与钟形底座相同,只是发生的位置高了一点。台阶状凸起,则标志着树木内部的纤维发生了扭曲,可能是风暴等灾害造成的。这两种情况都让树木感知到了内部的弱点,继而在弱点周围长出一层新的木材来加固。树干上的弱点好比人的骨头发生损伤,增生的木材就像在断骨周围

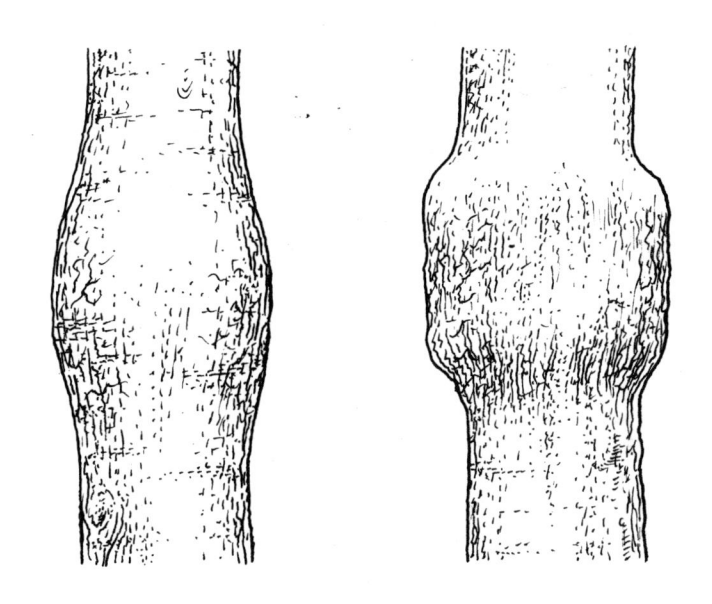

波浪状（左）和台阶状（右）凸起

打上了石膏。

树干内部的组织之所以发生腐烂，引起增生，是因为病菌的侵入；而病菌之所以能够入侵并引发感染，则是因为树干上有伤口，为病菌提供了通道。伤口可能是树枝折断后留下的，也可能是树皮被动物啃咬之后留下的。如果你发现树干上有凸起，可以试着追踪引发增生的缘由。

2. 脊状隆起

木材的生长存在一定的局限。如果木材所受的力随着时间的推移缓慢增长，树就会增加木材，以应对异常的拉伸和压缩（相应长出应拉木或应压木）。但应力木的生长需要时间，无法立即做出反应，突如其来的风暴、滑坡或其他意外都可能导致树干开裂。

贯穿树干的裂缝迟早会使树木枯死。如果树干只是局部开裂，裂缝出现在树身的一侧，这棵树就还有恢复的机会。树会在裂缝的周围及其上方长出新的木材，导致裂缝周围形成一条脊状的隆起。有些树能逐渐痊愈，有些则没那么幸运。通过脊的形状，我们可以判断树木是否成功愈合。圆润平滑的脊，表明树木已经愈合；尖锐或突出的脊，则表示尚未愈合。

不同的应力会导致不同的裂缝。拉伸力导致水平方向的裂缝，压缩力导致垂直方向的裂缝。如果你试图折断一根绿色的小

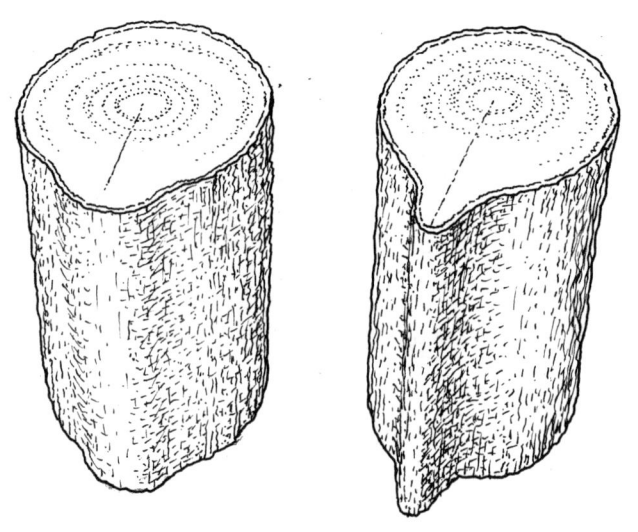

光滑的（左）和尖锐的（右）隆起

枝条，它不会轻而易举地断裂。如果你猛烈地将树枝来回弯折（即对树枝施加压缩力），此时树枝会先出现许多垂直的缝隙，然后扩张成较大的裂痕，这种现象被称为"青枝骨折"。压缩力会使树干出现同样的裂缝，但在树干完全裂开之前，树会在裂缝的周围及其上方长出木材，形成我们在树皮上看到的脊状隆起。

风最有可能造成裂缝和脊状隆起，而冻伤也可能使树干出现裂缝，特别是当树的一部分比邻近部分更快地膨胀或收缩的时候。霜冻造成的裂缝通常是垂直的。

树干为什么会弯曲或倾斜？

有一年冬天，我与罗伯、戴夫在约克郡录制了一档电视节目。节目组给他们安排的任务，是在夜晚利用恒星、行星、月亮、动物和树木等标志，顺利找到几公里外的一座农舍。节目开始录制，罗、戴二人出发了！我朝他们挥手送别，祝他们圆满完成任务。我目送他们下山，直到他们的身影融入深蓝的夜色中，心情非常激动。

节目录制前的那个下午，我对他们进行了培训。这么做是为了保证录制的顺利进行，但难免有些小题大做，好在学习如何掌握自然导航的技巧还是很有意思的。我鼓励这些新手深入自然，勇于尝试，在实践中使用自己习得的技巧。

随后，我驱车前往他们的目的地，期待几小时后他们顺利到达。最终一切顺利，他们不需要救援就到达了农场，我们笑着握手，庆祝任务圆满成功。我询问他们一路上怎么样，得知他们在树林里有点偏航，但随即利用行星、恒星和树的形状再次回到正轨。他们的轨迹应该是一条曲线，先是逐步偏航，然后又回到正轨。树干也并不总是沿着直线生长，它们可能会偏离，然后重回正轨。

在等待罗伯和戴夫到来期间，我在农舍附近踱步取暖，看到了一棵树干严重弯曲的美国扁柏，高悬的明月映衬出了它的轮廓，非常引人注目。它看起来只比香蕉直一点点。

树木能够感知重力。顶芽向上生长的方向与重力相反，这个过程叫作负向地性[1]（也称负重力性）。树木的聪明之处在于，顶芽能不断感知重力并调整方向，这对树来说很重要。因为顶芽可能被周遭事物扰乱方向，需要一种能够回归正轨的方法。木材一旦长成，就无法改变，这意味着树干记录了树木的生长轨迹。如果一棵树曾经偏离轨道，那么，它的树干便会弯成一条曲线。

那天晚上，我看到的那棵弯曲的柏树长在英格兰北部的山坡上，很可能在它还是小树的时候曾被大雪压弯，导致它偏离了方向。树干那条长长的曲线，说明它花了好几年时间才回到正轨。事实上，很多情况都会导致树木偏离方向，降雪和滑坡是其中最

---

1 向地性，是植物某些部分对地心引力所做出的生长反应。具体表现为植物的根受到地球的引力作用，总是向地下生长，这种特性称为正向地性；而茎则向上生长，称为负向地性。

常见的两个因素。

观察树木曲线的乐趣在于，它们能够让你很容易就判断出事件发生的时间。如果从底部开始弯曲，那就是发生在树木刚开始生长的时候。位置越高，发生的时间越晚。如果曲线变化平缓，没有特别明显的弯曲，意味着这棵树可能是随着土地的缓慢下滑而逐渐偏离了方向。

曲线和倾斜不一样。有些树并不是完全与地面垂直的，而是有点倾斜，就像我们在本章开头所讲到的。树干发生倾斜与树木生长的位置有关，通常是因为明亮光线只从一个方向照射过来，枝干朝着光照充足的方向生长，从而呈现出倾斜的姿态。铁轨两侧、河岸、陡坡以及树林边缘，树木这种倾斜的情况很常见。

陡坡上的树面临着两种不同类型的力，它们一方面受重力、向地性的控制，另一方面受光照、向光性的控制。树干的首要目标是向上生长，具有负向地性；但由于陡坡处的光线极其不对称，在向光性的作用下，树干可能会稍微偏离垂直方向。这在陡坡上很常见，因为只有一侧有光线。不同的树种会根据生长地优先考虑适宜的生长类型。河边的桤木和柳树会优先考虑光线，它们倾斜在河面上，树干很少完全与地面垂直。大部分大型树和针叶树除非被迫偏离原有的生长角度，否则总是会与地面接近于垂直。因此，如果你看到一棵弯曲或倾斜的针叶树，这意味着有比光线更有力的因素一直在起作用。

不同的树会对相同的影响因素做出不同的反应，这是鲜有人留意的情况。通过树干对光线和坡度的反应，我们可以了解树木的特性。以陡坡上的混交林为例，经过这类树林的边缘时，你可能会注意到以下几种情况：（1）有的树种始终朝向树林外侧，倾斜着生长；（2）有些则是先往外倾斜，而后末端再次垂直生长；（3）还有一些树始终与地面保持垂直，似乎不受光线和坡度的影响。注意到这些现象令人兴奋不已，这意味着你的观察力已经大幅度提升。

陡坡上高大的树与低矮的树的生长角度

倾斜的地面会影响林地当中不同树种的生长角度，这是一个很容易被忽视的现象。观察山坡上不同大小的树，你会看到大树的生长方向多与重力方向相反，即竖直向上，垂直于水平面；而林中低矮的树为了获取更多光照，则是向山坡外侧生长，与地面垂直。

树干为什么会分杈？

距离我家只有几步之遥的地方，有一棵成熟的水青冈，令人印象深刻。我已经见过它无数次，也触摸过它无数次。在写作的间隙，我常常会走近它，在它的气息中深深呼吸；夏天我喜欢在它的树荫下吃午餐。

某个清晨，我决定花几分钟来细细观察一下这棵水青冈，看看自己是否忽略了一些有趣特征。

我先是近距离端详，随即后退一步，第一次完整地看清了它的形状。这棵树的完美形态令我惊异。我邻居的屋后也有两棵水青冈，但它们生长在林地边缘，远没有我眼前的这一棵这么齐整。它们品种相同，大小相似，形状却不那么"完美"——整棵树看起来比较杂乱，缺乏对称的美感。而我屋旁的这棵树看起来却精致而优雅，是完美的水青冈范本。长在建筑物附近的树，反而比那些远离建筑物的树更齐整，这让我感到好奇。显然，这并非人工修剪的结果。我绕着树转悠了一会儿，才弄明白到底发生了什么。为了解释这一点，我们需要花些时间来了解一下树干为什么会分杈。

有些树平安少灾，岁月静好，在基因的引导下不断生长。这些幸运的树于是长成了我们在图示中看到的典型树形。高大的树更喜欢单一的主干，从底部径直延伸到顶部，不走弯路。对树木来说，这是最稳定的形状。如果主干分裂成两根，那么就形成了分杈。分叉是建筑上的弱点，最高的树都没有分杈。

一棵大树分杈，往往表明它经历了严重的伤害，通常是失去了顶部。如果风暴、动物或人类取走树的顶部，伤口附近将会再次开始新的生长，通常情况下，会萌发出多个芽点。如果新枝存活下来，这棵树就很可能会有两根或更多的树干。一棵大树很少能同时支撑三根大小相当的树干，通常只有两个分支的树杈。

树干的木质部不会向上生长，因此，分杈的高度为我们提供了寻找分杈原因的重要线索。通常来说，接近于地面的树杈，是由于牛、鹿等食草动物造成的。较高的分杈则可能是松鼠、鸟等小型动物引起的，或者遭受了风暴等灾害的侵袭。

完美的树并不存在，但所有看起来很齐整的树，在其生命中的大部分时间里都必须有一个健康的顶芽。这一点反映在树干的经典形状上，即从地面到树顶形成一个单一的线条。如果树干分杈，说明它失去了顶芽，这种影响会持续到分杈之后。顶芽向下输送的激素抑制了下部枝条的生长，使树木保持高挑纤细的形态，尤其是在树木年轻的时候。这意味着，当你看到一棵分杈的树时，它下部的枝条生长得比同品种的单根主干的树更旺盛。一个低分杈的树干会导致整棵树长得更宽，外观也更杂乱。

说回我屋旁的那棵水青冈。它一直都有健康的顶芽，因此长成了引人注目的经典形态。而邻居屋后凌乱的水青冈，长着低矮的分杈，很可能是被鹿啃食造成的。这种情况很常见，鹿常常在远离建筑物或人类活动的安全区域觅食，这解释了为什么人类居住区附近的树更齐整，而在较远地区的树则有更多分杈且外观凌乱。（建筑物附近的树也会更多地被人为修剪，但那是另一回事了。）

分杈的结构隐患

树身的大问题很可能起源于小毛病。如果一根连接处没有完全融合好的小枝长成了一根强大的主枝，它将面临严重的问题。结构上的严重缺陷，是无法补救、注定要失败的。这是树杈常见的问题。

1. 树枝与树干的"焊接"

一根健康的主干所承受的压力是单一的；一旦出现分杈，由于重力原因，两根树干不可能都保持垂直生长。最初几年，幼嫩的枝条或许能一起垂直生长，但随着时间的变化，其中一根或彼此都不得不开始远离对方。它会导致分杈处的接合点承受巨大的应力。如果树足够早地感受到了这种应力，它就会长出应力木，在分界线上形成肿胀，长出枝皮脊。如果树没有这样做，就更有可能形成强度弱得多的树皮对树皮的接合。（分杈是弱点，但形成得越早、越低，就越稳定。在后文树皮的章节里，我们将学会寻找树杈即将断裂的迹象。）

2. 树皮对树皮的隐患

树皮对树皮的接合是树杈的敌人。一棵树如果形成这种接合，在年轻时可能安然无恙，但两根树干会越来越粗，渐行渐远，接合处的压力将变得难以承受。就像一颗定时炸弹，大树的一侧随时可能因此倒下。所幸懂树的人能及时发现问题，并预测麻烦，通常在危险发生前几十年就能察觉。树木管理人员会及时处理这种情况。

3. V 形树杈的隐患

比起树皮对树皮的接合，健康的枝皮脊强度更大，但这种更强壮的接合还有不同的形态：U 形和 V 形。相较而言，两根树干间逐渐弯曲的 U 形接合，要比尖锐的 V 形接合更牢固。

V 形树杈的强度较为脆弱，但与 U 形树杈的力学结构是一致的，因此它们所承受的压力要大得多。V 形接合处的树皮微微隆起，如果你发现 V 形树杈，请注意隆起的指向。这些隆起宛如箭头：若箭头向下，则暗示这个部分存在风险，比较脆弱，可能会在某个时刻断裂并坠落；若箭头向上，则表明接合得比较牢固，更有可能长久地保持稳固。我是这样来记这个规律的："箭头下指，枝落于此。"

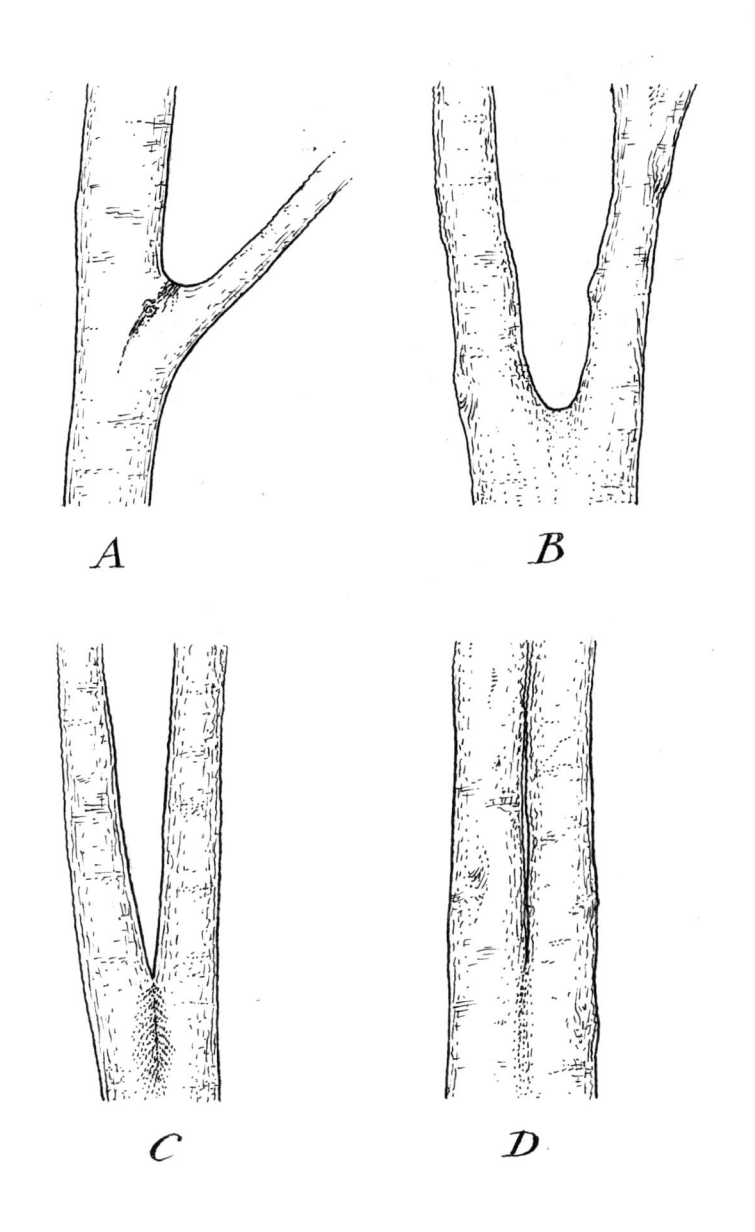

A：枝皮脊　B：强有力的U形　C：较弱的V形　D：树皮对树皮的接合

"横看成岭侧成峰",我们很容易忘记要从不同的角度观察树木——即先从正面检查枝干的接合处,再观察树杈的侧面轮廓。树干分杈处是否有膨胀?很可能是有的,膨胀的程度能揭示树木在应对多大程度的压力。膨胀的尺寸就是我们的衡量标准:膨胀越大,说明树木承受的应力越大。如果我们汇总树皮上的各种迹象,就掌握了专业人士用于评估树杈的健康状况及预测潜在危险的多种工具。

在风暴期间,我会想到一些我熟知的最不稳固的树杈,大约每年一次,风暴过后,其中一部分树杈都会折落下来。之后,你有可能也会见到这种树,并能预见未来某个时刻它将遭遇灭顶之灾,发出可怕的声音。

第七章
树桩观察指南

梣木枯梢病夺走了我家附近数千棵梣木的生命，幸存下来的树也已脆弱不堪。当地主管部门十分担心路边的病树折倒后会砸伤行人，造成混乱。不过，他们并没有为此担忧太多，后来干脆把梣木都砍掉了，一劳永逸。

梣木是我最喜欢的本地树种，我相信有关部门砍树的决定经过了慎重考虑，但就我自己来说，却无法评判这一决定是否正确。出乎意料的是，这次砍伐倒是为我提供了研究新鲜树桩的绝佳机会。我在树桩上看到了自己以前从未注意过的东西。

首先是树桩上的树皮。如果树皮紧致，与木材紧密贴合，那么这棵树还有可能存活。一年之后，你很可能会看到表皮芽从树桩底部萌发出来。但如果树皮松弛，开始从木材上剥离或脱落，这棵树就没戏了，只有死路一条。

藏在树干里的"切块蛋糕"

我们每天都会吸入无数个霉菌孢子,如果它们能在我们的肺部长成真菌,那我们很快就会窒息而亡。它们之所以无法伤害我们,是因为我们的免疫系统会杀死它们。现在我们能认识到空气中充满了病毒、细菌和真菌孢子,它们想在我们身体里安家落户。但我们并不会时刻为此感到恐慌,因为我们知道自己有效果很不错的防御措施。但你要知道,这是一个很晚近的概念。

几千年来,人们都看不到细菌、病毒或真菌,只能看到它们引发的严重后果。从面包上的霉菌到死于麻疹的人,这些奇怪的现象似乎完全出于自发,这让古希腊哲学家亚里士多德在两千多年前犯了一个重大错误。

亚里士多德认为,生命可以从无生命的物质中自发产生。他相信许多物质包含一种他称之为"普纽玛"或"生命之热"的物质,普纽玛可以在没有任何外部因素影响的情况下使物质开始新的生命。他指出,一个干净空旷的水坑,如果放置足够长的时间,很快就会成为动物们的家园。这种"自然发生"的理论解释了青蛙如何神奇地从泥土中出现,老鼠如何从发霉的谷物中出现。它似乎也能解释木头腐烂和真菌从中萌发的现象。

如今,我们知道"自然发生"是不可能的,地球上每个新生命都有某种形式的"父母",即使是像病毒这样的简单生物体。这种认识可以帮助我们理解在树桩中看到的一些现象。

如果坚持认为木材是自发腐烂，与外部生物无关，那就没有想方设法防御病原体的动机了。在20世纪初，德国林业工作者罗伯特·哈蒂格意识到，木材腐烂是由于真菌入侵而引发的感染，人们的观点才开始发生转变。对我们来说显而易见的观点，在当时却是革命性的。

在这一见解的基础上，美国生物学家和树木专家亚历克斯·志戈提出了树木如何应对感染的看法。他注意到，当真菌侵入树木的部分区域时，树会试图控制局面。树木一检测到病原体，就会加强树干内的细胞壁，将感染锁定在腔室里面。志戈称这一过程为"树木腐烂的区隔化"。

树木内会形成一堵墙阻止真菌沿着树干垂直上下传播，还会形成一堵墙阻止真菌向中心传播。树加强了径向壁[1]，它们像辐条一样从中心延伸到树干边缘，这就是我们最常看到的"切块蛋糕"。任何感染都会被限制在树干中一个楔形或蛋糕形的区域之中。如果你在森林中观察过足够多的树桩或原木，很快就会看到颜色暗沉的"切块蛋糕"。这块"蛋糕"就是把感染封锁起来的楔形腔室。

每当我们看到树干中的"切块蛋糕"，都应赞叹这棵树曾竭尽所能地控制被真菌感染后的局面。不幸的是，我们之所以能看到它，是因为树木已经倒下了，这意味着这棵树尽可能延缓了真

---

[1] 径向壁，指与细胞半径平行的壁。

菌的传播，却没能成功地阻断感染。

"切块蛋糕"中包含被感染的射线原始细胞，这种细胞也能为树干和树枝提供有力的支撑。这就是原木被分割成类似蛋糕形状的原因，也是为什么我们在折断青枝时，树皮会纵向裂开的原因。

我们能在感染的木材上清楚地看到放射状线条，但橡树是少数即使没有感染也会在其木材中显示出放射线的树种之一。

心材和边材

当你看到一个树桩的时候，要抓住机会好好观察，看看从粗糙的树皮到最内圈的年轮，可以分出多少个层次。外树皮下方的内树皮是一层薄薄的活细胞，被称为"韧皮部"。这层组织负责运输光合作用产生的糖分，并形成重要的能量网络。它维持着树根等需要能量但无法产生能量的组织的生长和工作。韧皮部很薄，一直包裹在树干周围，而且靠近树的外侧；因此，树皮受到所有的损伤都会对它产生影响。

在韧皮部之下，有一个非常薄的细胞层，薄到肉眼看不见，它被称为形成层。它负责产生新细胞和促进树木的生长，能够使树枝、树干和树根逐年变粗。

形成层的内部是树干的主体，我们称之为"木质部"，它由活跃的新细胞和成熟的老细胞组成。形成层的正下方是年轻的木

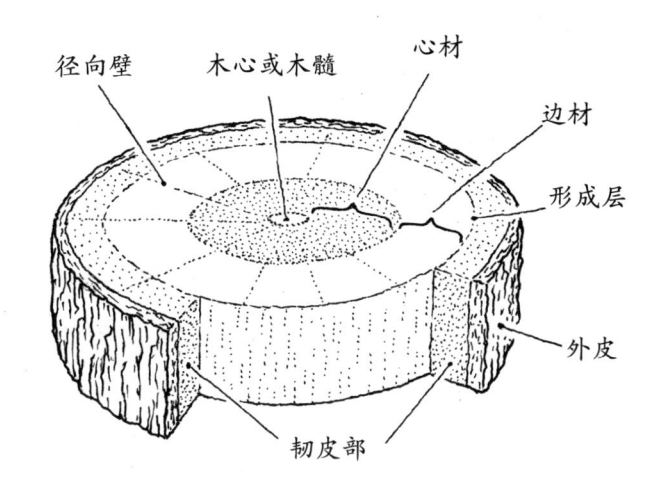

径向壁　木心或木髓　心材　边材　形成层　外皮　韧皮部

质部细胞，它们非常活跃，忙着在树身上下运送水分和矿物质。

　　树每年都会在木质部内部形成一个新的细胞层，这层新的细胞覆盖在前一年形成的层次之上。这就是年轮形成的原因，也是最老的年轮最靠近中心的原因。木质部细胞发挥着重要作用，但在增长到足够多的层次之后，内层就不再被需要，进而走向死亡。许多树会使用保护性的树胶或树脂填充内层。

　　木质部年轻的外层被称为"边材"，内层被称为"心材"。尽管肉眼看起来区别不大，但多数树种的心材颜色较深，某些树种的心材颜色甚至很鲜亮，有时会被误认为是病变。那些乌黑油亮、质地致密的乌木，指的是一些热带树种的心材。它们的边材通常颜色较浅。云杉的心材和边材几乎没有什么不同。

某些树的心材会突破年轮的限制，形成极不规则的图案。干旱等外部压力可以改变心材的形状，长成奇特的模样。我在水青冈、桦树、槭树和桉木等树木的心材中看到过星星、云朵、公鸡，甚至是熊猫的形状。

心材比边材更致密、更干燥、更坚固、更沉重，因此在许多实际用途中更受青睐。（乌木不再被商业所青睐，因为这种木材不可持续；不过，乌木仍然是一种迷人的木材，密度大到在水中会下沉。）有些工匠会利用同时包含边材和心材的木料来创造美观的效果，比如用兼具明暗区域的单块木头来旋制木碗。一把完美的长弓同样也结合了边材和心材，心材具有较高的抗压性，边材则具有较高的抗拉性，使用二者交界处的木材来制造长弓，能提升射击的速度。

年轮里的历史

年轮可能有助于解释西方历史上一桩充满戏剧性的事件。公元5世纪末，罗马帝国在来自东方掠夺性移民的助推下逐渐崩溃。有理论认为，这可能与气候变化有关。证据就是，树木年代学家发现这一时期青藏高原上的树木有更细密的年轮。炎热干燥的天气突然来袭，迫使匈人往西寻找更湿润、肥沃的土地，间接导致了罗马帝国的崩溃和黑暗时代的到来。

年轮是更可靠的时间证据。我希望大部分孩子能知道数年轮可以计算一棵树的年龄。每圈年轮都有两种颜色,这是我们能看到年轮的原因,但很少有人会留意到这一点。如果每年增长的年轮都是相同的颜色,我们将很难看到成圈的年轮。

年轮由形成层每年的生长而形成,形成层细胞的分裂会随着季节变化而变动。在春天和初夏,气候最适宜树木生长,此时形成层的细胞快速生长,形成的木质部细胞比较大,也就是年轮中较宽、颜色较淡的部分。生长季后期,形成层细胞的活动逐渐减弱,形成的木质部细胞较小,也就是年轮中质地紧密、颜色较深的部分。有了质密色深的部分作为分隔,我们才能轻易地看到并计算较宽、较淡的部分。环境每年都在变化,这会影响年轮的密度。一个对树木有利的生长季会使树木长出一圈宽大的年轮。许多人认为,年轮宽得益于持续的阳光,但实际上阳光不是唯一的影响因素,只有在温度、湿度和阳光都很合适的情况下,树木才生长得最好。

树是向外生长的,最外圈的年轮是最近一年长出来的,最里面的年轮代表了树木最早的青春年华。在气候反常的年份生长出来的年轮,不同于在风调雨顺的年份生长的年轮,二者的外观有明显的差异。在一些刚被砍伐的树桩上,可能会看到有一两圈年轮比其他年轮更明显,这意味着那一两年的气候比较反常。现在从外往里数,数到那一两圈明显不同的年轮,算算一共有几个。接着再用砍伐树木的年份减去这个数值,得到的差就是气候反常的年份。

年轮表面上看起来都很相似,实际上隐藏着诸多信息。那些通过年轮占卜的巫师是如何操作的呢?很简单,他们不是从整体上去解读,而是关注那些可靠的、能说明问题的年轮。在不同的历史时期,世界各地都会有气候反常的年份,造成的影响会在年轮上留下痕迹。1709年是个异常严酷的年份,霜冻的影响大到在英、法、德、瑞典等国家的树上都留下了印记。无论身处何地,我们都可以尝试阅读树木的年轮,这是一种时间旅行的艺术。

你也可以在当地的树桩或大型原木上寻找这种特殊印记。如果一个季节严酷到足以在一棵树的木材上留下印记,那么它也会在其他树上留下印记。研究那一年到底发生了什么引人入胜——那可能是一个奇怪的夏天,天气异常炎热干燥;也可能是下了一场特大暴雨。1975年至1976年、1989年至1990年对英国树木的生长来说特别严苛,它们在树上留下了明显的痕迹。在欧洲的橡树和松树身上,甚至可以追溯到12000年前的记录。不过,除非你专门从事与树相关的工作,否则我不建议你花时间去研究20世纪之前留下的印记。

每个物种都有自己的生长模式。一般情况下,长得越快,年轮就会越宽。针叶树长得比阔叶树快,因此它们有更宽的年轮。(这也是针叶树被称为"软木"的原因——生长速度越快,木材密度越低。)在热带地区,由于树木全年都在生长,所以我们不会看到明显的年轮，因此不必费力去寻找。虽然气候和天气是影响年轮宽度的主要因素，但也有其他因素在发挥作用。比如，压力会减缓树木的生长速度，使年轮更细瘦。树的压力有很多种形式，但并不总是消极的。例如，阔叶树的年轮在丰年[1]会更细瘦，因为橡树和水青冈等会在丰年结出大量的种子，这给母树造成了很大压力。我们将在"隐藏的季节"一章里更详细地考察丰年。

树桩观察指南

健康的树木被树皮包裹，我们难以窥探其内部。不过，树桩蕴藏了丰富的信息，就像一张细节丰富的X光片，为我们了解树木提供了便利。我们不仅可以从中获知树木生长的环境，甚至还能判断树桩属于哪一个树种。

1. 环境产生应力，应力影响树心

"树的中心不在正中央"，这句话听起来有点荒谬，我是想说，树心并不在树的正中间，通常会偏向一侧。（树干中央的正式名称是"树髓"，但我在这里坚持使用"树心"，是因为这个说法更形象，更令人难忘。）

---

1 丰年，又称"种子年""桅杆年"。树木在有的年份结实数量多，可称为丰年。丰年之后，常出现结实数量很少的歉年。歉年之后，又会出现丰年。

树心发生偏移是受应力的影响。树木在应力的作用下生长出应力木*，反应性的年轮比普通年轮宽，呈现出不对称的外观。不对称是问题的关键，表明这棵树在试图抵消来自某个方向的推力或拉力。这也意味着，应力的一侧会比另一侧生长出更多的应力木，从而使树心偏离躯干的中心。应力的产生与阳光、风向、坡度息息相关。我们可以通过观察树心*，了解一棵树的生长环境。

阳光　南面光线充足，南侧的树枝长得更粗大、更修长。因此，南面的重量大于北面，这会对树干造成压力。于是，树在北面长出更多的木材，以对抗这种不平衡。我们可以在更靠近南边的位置找到阔叶树的树心。相较而言，针叶树的生长通常更为均衡，日照对其生长周期的影响较小，不像其他树种那样显著。

风向　如果光是唯一需要考虑的条件，那么事情将会简单得多，但也不会那么有趣了。盛行风将树往一个方向推，为了平衡这种力量，树会长出应力木。针叶树的树心更靠近迎风侧，阔叶树则靠近下风侧。（这就是树干顺风看更细，侧面看更粗的原因。）

---

*　针叶树长出应压木，阔叶树长出应拉木。应拉木颜色较浅，应压木由于木质素含量较高而颜色较深。不过，如果你是个木工，你可能会对这两种木材都不满意，因为它们在干燥过程中都很容易变形。此外，应拉木在机械加工过程中还会产生粗糙的质感。

*　顺便说一句，此处介绍的是单根树干留下的树桩，假如一棵年轻的树在幼年时期失去顶芽，它会继续存活并长出新芽，许多年后可能会长成一根树杈或是多根树干。从横截面看，长有多根树干的树，每根树干的树心都朝向群体的中心，就好像它们很想念对方一样，我称之为"孤独之心"。

本书所有照片均由作者拍摄,其中许多拍摄地点位于英格兰南部西萨塞克斯郡附近。

喜光的松树脱落了低处的树枝,耐阴的山毛榉则保留了低处的树枝。

防御者树枝。春天，低处的枝条比高处的枝条先长出叶子。

橡树指向南方的新枝。我们正朝西望去，请留意左侧树上分枝中的"对钩效应"。

英格兰西南部赢绿山上的树岛。我们正在向北看。左侧迎风面较暗，树枝在右侧下风处延伸得更远。还要注意最右侧"孤独的离群者"树枝。

在伦敦，树干从墙壁往阳光处倾斜。

我家的小狗正在观察一棵"竖琴树"(也叫凤凰树)。

老榆树上的童话屋。

艰难生存的二球悬铃木身上的钟形底座和波浪状凸起。

心材和边材以及"孤独之心"效应。

倒下的榕木树桩上可以看到切块蛋糕状的感染（榕木枯梢病）。

山羊在西班牙山区的山楂树上留下了一条啃牧线。

这棵橡树的左边曾经长着另一棵树，所以它表现出了戏剧性的不对称，整体朝向右边从南侧照射过来的阳光——"令树'反感'的树桩"。

西萨塞克斯郡的沙质公地上,踩踏树根导致了一棵松树的枝条枯死。

山毛榉树枝上的"大道效应"。

桤木倚在河流上方,树枝高出水面。

云杉南侧树叶上大量的蜡质形成的白色和蓝色。

一片榛树的叶子，有明显的尖端，可以疏导雨水。尖锐的末端在潮湿地区更常见。

樱桃树的树皮会产生巨变。它会脱落带有扁豆条纹的年轻表皮,露出下面更坚硬的周皮。

英格兰西南部威尔特郡的核桃树"毒害"了根部周围的土壤。

一种脆弱的叉子形结构，有"树皮对树皮"的连接，有小小的"南侧的眼睛"。

同一棵树，从侧面看。当这棵树与结构上的压力作斗争时，请注意接合处应力木的膨胀。

树枝顶端的花朵或果实会使整棵树的结构变得杂乱，绵毛荚莲就是一个很好的例子。

倒 V 形箭头指向健康的 U 形连接。

在得克萨斯州沃思堡植物园,斯蒂芬·海顿向我展示了一棵樱桃树西南侧的阳光伤。

在我家附近的树林里，山毛榉树上有一个巨大的树瘤。

树干上长出的真菌是一棵树陷入困境的迹象。多年来，这棵山毛榉树上都生长着茂密的支架真菌，最终它在一场风暴中倒下了。树的底部也有表皮芽，这是陷入困境的另一个迹象。

欧洲栗树皮上的自然螺旋形态。较老、较低的树枝向下。叶子都落到了底部风影区。

粉红色的槭树芽。

树根能适应土地的形状和整棵树所承受的压力。它们比我们认为的要更宽、更浅。

断枝留下的伤口被逐渐生长的伤痕木材所覆盖。

秋天的颜色从山毛榉的南侧开始。

在威尔士的斯诺登尼亚，阔叶树占据了山谷的主导地位，针叶树则雄踞高地。高耸的针叶树在山脊线上摆动。左边的橡树是一个天然的指南针。画面右侧，在裸露的阔叶树的南侧，秋天的色彩更浓郁。我们正朝东南方向望去。

坡度 土地从来都不是完全平坦的，坡度对树心的位置有巨大影响。阔叶树的树心更靠近下坡侧，针叶树则靠近上坡侧。

这几种因素并不是单独起作用，往往是相互作用，彼此交织。对于初学者来说，我建议你从那些容易识别且特征明显的例子开始。如果你在陡坡上的林地里找到一个新树桩，这是个观察学习的好机会。在这种情况下，阳光和风对树木生长的影响相对较小，坡度的影响会更加突出，因此更容易辨认。

2. 通过木材识别树种

针叶树和阔叶树的树桩各有差别。通过观察树桩的颜色、气味以及腐烂的情况，我们可以大致判断自己看到的是什么树种的树桩。

颜色 每个树种都有独特的纹理，通过原始树桩来试着识别树种是很不错的做法。有些木材的色彩冲击力很强，樱桃木有丰富的红色调，桤木暴露在空气中不久就会变成鲜艳的红色。

气味 我们也可以用鼻子来收集线索。松木富含树脂，闻起来有一种宜人但辛辣的气味，红豆杉则没多少气味。如果你遇到一棵红豆杉树桩，想要通过数年轮的方式来计算它的年龄，那么你要有心理准备——红豆杉的年轮是最难测量的年轮之一。

腐烂速度 树桩老化的方式一定程度上也反映了树木的生长方式。桦树、樱桃树和桤木等速生树种的腐烂速度都很快。橡木、松木则要慢得多。橡木中含有单宁，可以延缓腐坏，让橡木缓慢而优雅地老去。松木中的树脂能散发出强烈的气味，比起其他树木能更长时间地防腐。

腐烂方式　针叶树比阔叶树更早进化，结构也更简单，这一点也可以从木纹中观察到。针叶树的树桩容易从外向内腐烂，阔叶树则是从内向外腐烂。雪松是个例外，它们是从里面开始腐烂。

保姆树桩

有些树的树根似乎能将树干抬离地面，让这些树看起来像是在踩高跷。之所以出现这种现象，与消失的树桩有关。

枯树的残桩会发生腐烂，但健康的木材有一定的抗感染能力，于是被分解的组织为新生命创造了良好的生长环境。腐朽的树桩营养丰富，像一个装满肥料的花盆，其他树的种子可以吸取其中的营养，转化为自己生长的能量。这些腐朽的木桩有一个恰切的称呼——"保姆树桩"。若是倒下的树干发生腐烂，为树苗提供了养分，则被称为"保姆原木"。

随着时间的推移，新树的根系会在腐烂的树桩上蔓延。最终，老树桩完全朽败，只留下一棵新树，这棵新树便会有一个奇怪的底座和拱形的树根。精灵和仙女都偏爱将这种"建筑"作为自己的住所——切记不要向他们解释成因，因为他们更喜欢神秘的建筑。

被树"排斥"的树桩

下大雪的早晨,我习惯早早起床,出门探索。英格兰南部很少有机会可以深入研究雪花留下的痕迹,因此必须把握时机。在我充分享受了利用树木北面的雪带穿越树林的乐趣之后,太阳才从东南方升起,浓艳的粉色和橙色从云层反射向西北方向。

午餐时分,气温渐渐升高,各处的积雪开始消融。到了下午茶时间,除却山巅上那些堆积在树干北侧的残雪外,其余的落雪大都不见了踪影。这时,我看到一个宽阔的梣木树桩上覆盖着一层薄薄的"糖霜"。附近的积雪都融化了,因此它异常显眼。这是一个有趣的问题:为什么附近只有这个地方还有积雪?

要解开这个谜团,有三个关键点。首先,白天的阳光使地面温度上升,而树桩太高了,离地面几十厘米的空气比地面温度要低,我裸露的手指能感受到这一点。其次,树桩是一个绝缘体,像冰箱一样,能阻止地面将热量传递给上方的积雪。最后一个关键点——对于研究树木的人来说也最有趣——一个大树桩意味着此处天空的景观也发生了明显的变化。这个树桩上有雪,意味着它的上方没有树木遮挡,雪可以直接落上去。不过,这一现象的影响远不止积雪这么简单。

大树会影响周围的景观。即便大树已经被砍伐,我们也可以通过观察树桩,了解已经消失的大树曾产生过的影响。如果树桩附近长有树木，可以从它们的形态去寻找那棵消失的树的痕迹。这个树桩的附近便有一棵大橡树，姿态十分怪异，它向南倾斜，北侧没有像样的枝条。一般人很容易认为，是光照塑造了它奇特的形态，但由于看起来过于极端，以至于我们无法只用光照来解释背后的原因。答案就在这个距离橡树北侧约8米远的巨大树桩身上。这意味着，直到不久前，这棵橡树还隐藏在一棵壮硕的梣木后面。如今那棵梣木已被伐掉，在数十年中，它为自己的邻居橡树遮阴挡雨，最终导致了后者那倾斜、奇特的姿态。

如果你仔细观察，很快就会注意到树桩附近的一些树枝奇怪地弯曲着。这种现象的成因并不复杂，它们在避开一棵已经消失的树过往所投洒的树荫。不过，我更愿意以另一种方式来理解这样的情景：活着的树木似乎对大树桩有一种天然的排斥，它们的枝条躲避着这些令人不快的树桩。

树桩上的尖刺和圆圈

树桩上有一些不太显眼的痕迹，比如"尖刺"和"圆圈"，只有近距离观察，才能发现它们。

1. 尖刺

自然因素和人为力量会在树桩上留下截然不同的痕迹。如果树桩看起来十分扭曲且粗糙，那么树干可能是在暴风雨中被折断的。如果大部分树桩呈现出平整的切面，说明是被人类砍伐的。假如你仔细观察过这些平整的树桩，就会发现它们的边缘经常会有一个"尖刺"。

林业工人在砍树的时候，会锯穿大部分树干，锯子来回切割的地方会留下一些线条、凹槽和缺口，这些切口大部分是整齐的。但就在树倒下的前几秒，伐木工人会退到安全的距离。此时的树仅由一层薄薄的、尚未被锯透的树干支撑着。它不够坚固，无法保持树身的直立，渐渐开始倾斜。随着树身轰然倒地，这个薄而未锯的部分会因折断而发出刺耳的声响，并在树桩上留下一个尖锐且参差不齐的尖刺。寻找树桩上的尖刺是个很有趣的过程，我乐此不疲，每发现一个带有尖刺的树桩，大树倒下时巨大的断裂声便在我耳边响起。

2. 圆圈

许多树木身上都有常春藤之类的攀缘植物，它们沿着树干往上生长。林业工人砍下这些树的时候，他们很少移走树上的攀缘植物，只是用电锯把它们清理掉。藤蔓像是依偎在树桩周围的小圆圈。

树有时会在藤蔓周围长出木材，将藤蔓包裹起来，也就是我们在上一章提到的"垫层"。这种垫层很有趣，你既可以在活树的树干边缘看到，也可以在死树的树桩上看到。

我家附近有一棵桦木的树干内部包裹了几根常春藤的藤蔓。

这棵树还活着的时候，我从未注意到这些藤蔓的存在，直到这棵树倒下后，我才看到树桩边缘内部的小圆圈。这有点像木星表面的特写照片：巨大的行星上面分布着一个个小圆圈。

第八章

树根的隐秘生活

死亡与期望之路

英国皇家植物园邱园位于伦敦西南部,至少拥有5万种植物,是全球著名的植物学研究中心,同时也是联合国教科文组织认证的世界遗产。邱园的团队对树木十分了解。凯文·马丁便是邱园的树木栽培主管,我十分有幸与他进行过一次交流。

那次,凯文亲自在大门口迎接我。在两个小时的会面时间里,我们一同观察树木,讨论和交流了自己对一些问题的看法。那是一段非常快乐的时光。凯文是树木专家,我的履历则颇为怪异,我向他解释说,二十多年来我一直在研究树木的线索,特别是那些与自然导航有关的线索。

我很早就知道,树根的健康与其上方的树冠之间有着非常紧密的联系,如果你破坏了树木一侧的根系,与树根对应的正上方的树冠就会大量落叶,甚至完全枯死。树冠的形状可应用于自然导航,因此了解这种情况对我来说很重要。如果一侧的树冠呈现出挣扎的状态，是因为缺乏阳光、被强风侵袭，还是因为沉重的践踏？我对此尚未深入探究。凯文向我介绍了"期望之路"产生的过程，深化了我对树根与树冠之间联系的认识。*

"走的人多了，也便成了路。"当行人都沿着捷径走，就会形成期望之路。园林设计师通过在草坪上铺设石头，设计出一条想让人们遵循的道路。但行人往往为了节省时间而横穿草地，留下一条期望之路。设计师希望人们沿着某条特定的路线走，但新的道路揭示了人们真正期望的路线。

散步的时候，凯文带我去看了邱园体积最大的树。

"看到那个标签了吗？"他指着钉在树皮上的一块长方形黑色塑料说。我朝它走近了一步，看到上面写着：

栗叶栎（CHESTNUT-LEAVED OAK）

Quercus castaneifolia

高加索，伊朗

"看到了。"我说，不知道他希望我从中收集到什么信息。

---

* 我一生都为小路着迷。航线之于航海家，正如乐谱之于指挥家。我被这片土地上的这些线条迷住了，甚至为一种路径起了一个名字。"微笑之路（smile path）"是我对绕过障碍物（比如倒下的树或大水坑）的弯曲路径的称呼。微笑之路从来都不是捷径：它们总是绕得更远，这就是它们弯曲"微笑"的原因。它们无处不在，你可能在过去的一两天之内就走过"微笑之路"，但它们鲜为人知，也鲜为人评论。我过去常称它们为"香蕉"，但"微笑之路"是一个更美好的名字，也是英国皇家航海研究所在2020年认可的名字。

"游客们很喜欢这棵树,以前总有人凑近去看那个标签。在无数双脚的踩踏下,这里形成了一条捷径,你现在还能看到那条小路的痕迹。"我凝视地面,发现了期望之路的痕迹。

"后来我们把这棵树围了起来。频繁的踩踏已经威胁到这棵树的生命。你可以抬头看看,那里曾经有一根已经枯死的大树枝。"凯文指着我们的头顶上方——那是一根大树枝断裂之后留下的创伤。他解释说,不断有人踩在同一条树根上,压实的土壤杀死了那部分根系,无法再为那一侧的树身提供养分。缺失的这根粗枝,正是人们走捷径所造成的直接后果。凯文的话为我揭示了人们选择的路径是如何杀死树根和树枝的,使我得以深入了解树木的故事。

我与凯文相谈甚欢。道别之后,我满怀欣喜地回家,放下我的笔记本,迫不及待地走进树林。这是一条我非常熟悉的林间小路,也是一条人们常走的捷径。我简直不敢相信自己所看到的景象:每隔几秒钟,就能看到一根挣扎的树枝。小路两旁都有枯死的树枝,而且总是离路面最近的这一侧枯死。我以前怎么没有注意到这一点?那些死去的树枝一定在我眼皮子底下隐藏了成千上万次!

现在该轮到你了。在接下来的一周里,如果有机会,你不妨在树林里寻找一条老旧的捷径,这是一条吸引许多人的期望之路。城市里大部分公园都有很多这样的捷径,观察在那条路上生长的树枝,很快你就会发现由期望造成的死亡。

我们需要对自己走了捷径而感到内疚吗？这不是我现在关注的重点，此刻我的任务是帮助你看到这些现象。如果对眼前的现象视而不见，我们就无法进一步了解它。当我们意识到眼前的枯枝与自己曾经的踩踏有关，那么我们就会去留心观察那些枯枝。

不用太担心我们会在不经意间伤害到大自然，在本章的最后，你将知道如何在不伤害树根的情况下从树根上走过。

树根的四种形状

树根是树木生长的先锋，它们必须在扎根之前感应到适宜生长的方向。

如果种子落地的方向是正确的，那么根系就会从底部萌生，向下生长，然后分杈。若种子倒置着落地，根尖会先从顶端萌发，生长一段时间后再进行 U 形转向，往下延伸。这是向地性在起作用，是植物对重力做出的反应。根系害怕光照，向阴凉处生长，这被植物学家称为"负向光性"。一旦根尖长了一点，侧根就会开始萌生，这些侧根的生长策略是远离主根，向下生长。

提奥夫拉斯图斯（Theophrastus）是一位古希腊哲学家，他喜欢观察自然界中大大小小的事物，尤其对寻找线索情有独钟。他著作等身，论著涉及哲学、天气和植物等多个方面。早在 2300 多年前他就观察到，每年春天树根会比树冠先生长。这是合乎逻辑的。如果没有水分和矿物质的供应，这棵树不会存活很久。因此，尽早让运输水分和养分的树根活泛起来，对树木具有积极意义。直到今天，植物学家们还在尽力监测树木根系的行为。可以想见，在两千多年前就发现了这些趋势，多么令人赞叹、鼓舞人心。提奥，干得好！

树根一方面遵循基因设定的程序生长，另一方面也根据所处的环境做出调整。尽管每个树种都有不同的生长策略，但我们可以将根系分为四种主要类型：盘子形、铅锤形、心脏形和旋塞形。顾名思义，树根是像盘子一样铺得又宽又浅，还是像旋塞一样钻入地下？

我家附近的树林里有一些高大的水青冈，如果它们被大风刮倒，树干正下方留下的会是一个稍深一点的洞，其他区域则像盘子一样又宽又浅。树根带起了薄薄一层土，此时的树看起来很像一个被推倒的红酒杯。水青冈、冷杉和云杉，都长着这样的盘状树根。

橡树等树种的根系在横向生长之后，侧根会向下垂直长出一些新的根系，形成铅锤形树根。

桦树、落叶松和酸橙的根系又大又深，长成了心脏形树根。

旋塞形树根在维持树身稳定和吸取水分的过程中扮演了重要角色。松树生命中的大部分时间，都长着旋塞形树根。年轻橡树的主根往往是向下深扎的旋塞形树根，这种特征在老树上却不那么明显。暴风雨可以刮倒云杉，但强壮的树根让邻近的松树岿然不动，矗立不倒。核桃树起源于中亚，旋塞形的根系使它们能更

盘子形

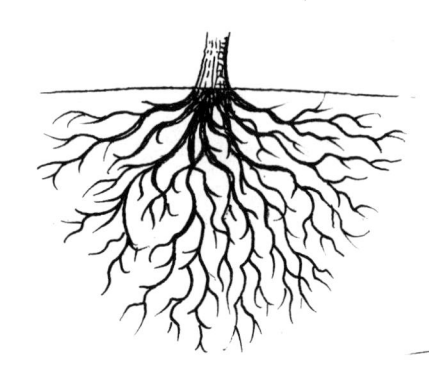

铅锤形

心脏形

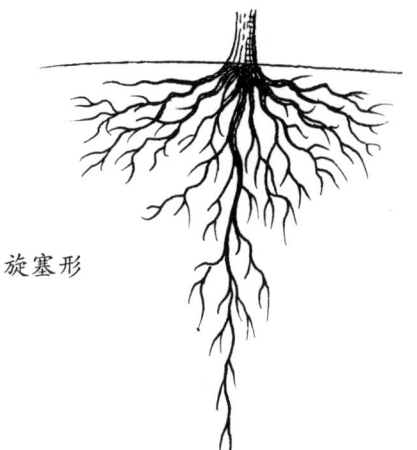

旋塞形

好地应对干旱。核桃树的根系发达，尤其是主根的生长一直很旺盛，如果随意移植，很容易损伤它们的根系。

干旱地区植物根系的生长策略与降水量有关。如果降水稀少，年平均降水量在 200 毫米以下，为了吸取深层的水分，植物会被迫长出旋塞形的根。如果降水较多，年平均降水量在 250~400 毫米之间，植物为了充分利用降水，根系则以水平发展为主，会长得又宽又浅。像英国这样潮湿的温带地区，旋塞形的根很少见，核桃树是少数拥有这种根系的树种之一，即使是在炎热干燥的 2022 年夏天，它们仍然生长得很好。*

一般情况下，树根的覆盖面积可以达到树冠的 2.5 倍左右。你可能会以为阔叶树的根系扎得很深，实际上，它们普遍比你想的要浅得多。根系所需的养分和氧气都在地表附近，它们大部分的工作都在 60 厘米左右的深度进行。

人们以为每棵树都有一条强壮的主根，深深地旋入土壤之中。但其实，目前人们关于旋塞形树根的认识尚未达成一致，我们也很少能从连根拔起的树上看到旋塞形树根。有三个合理的原因：首先，大部分树种的根系都又宽又浅。其次，盘状树根不能像深扎的根系一样应对强风，因此被风暴连根拔起的多是这种类

---

* 在《天气的秘密》中，我写过在阿拉伯沙漠中遇到蔓延的沙漠野花翼子裸柱菊（bindii）的故事。它们美丽的黄色花朵表明不久前曾有阵雨。我调查的一部分内容，是了解它们如何在如此恶劣干燥的气候中生存。为此我学到了两件有趣的事：首先，它将旋塞形的根与细根的精细网络结合起来；其次，它干燥的根被认为可以用来提升人的性能力，尽管科学并不支持这一理论。

型。最后，旋塞形树根在树木年轻的时候比成熟的时候更重要。我们可以想象所有的树在几周大的时候都有旋塞形的根，但很少有树在成熟的时候还保留它。

总体来看，针叶树的根扎得比阔叶树深，但冷杉和云杉是特例，它们有宽而浅的盘状根。

要么适应，要么死亡

卡拉洛奇是华盛顿州奥林匹克国家公园的一个滨海地区，那里长着一棵生命力非常顽强的巨云杉，被誉为"生命之树"。它的生长经历几乎不可复制。

这棵巨云杉尽管生长在沿海地区，但依然高大强壮。它一开始在肥沃的土壤上生长，有充足的阳光以及来自小溪的淡水。渐渐地，这条滋养巨云杉的小溪的流量越来越大，由于距离太近，侵入了巨云杉的舒适区。小溪源源不断地把树下的土壤带入了大海，在它的下方形成了一个小峡谷。巨云杉要在上面继续生长，只能不断扩张根系来弥补这个缺口。

这棵树很幸运，它有一套盘状根系。如果是一棵长有狭窄的、旋塞形树根的树，是无法在这种环境中存活的。就像电影中的英雄用指尖紧紧抓住悬崖边缘一样，两侧的树根有足够的力量在峡谷上支撑树身屹立不倒。这里真正吸引人的，并不是问题初现时根部的形态或力量，而是它们对抗逆境的方式。

河流不断将巨云杉下方的泥土冲入大海,随着时间的推移,峡谷不断加深、拓宽,现在这棵云杉下方的空间,几乎和它的主树冠相当,可怜的巨云杉高悬于半空之中。了解这棵巨云杉对艰苦环境所做出的反应,有助于加深我们对于根系生长的认识。

巨云杉的基因为树根制定的计划,是长得又宽又浅,像一张铺开的网。然而,基因只制定宏观计划,至于树根要如何应对生长过程中的特殊情况,则未明确指示。我们知道,植物的枝叶会对环境的刺激做出反应,树根亦然。如果树根感觉到压力,就会变得更粗、更壮。

这棵巨云杉边缘的根处于极端紧张的状态,但幸运的是,压力并不是同时涌来的。如果这个天坑般的洞在一夜之间出现,这棵树就没有力量应对它,很可能会消失在深渊之中。溪流缓慢地侵蚀土壤,使根系上的压力稳步增加,让它们有时间增强根系的强度。巨云杉边缘的根比当初生长在小溪上的时候要大得多。有些根看起来像是主根,甚至像树干和树枝一样长出了年轮。

根系不只是对压力做出反应,它们也在寻找生长所需的东西。它们会朝着有水分和营养的地方生长。如果根系前端被砍断,它们会同树的顶部一样长出分杈。

树根有两个生长目标:一是向外生长,变得更长;二是不断膨大,变得更粗。树根向外生长的过程中,难免遇到拦路虎,但它们一往无前,从不走回头路。人们普遍认为树根能够轻松穿透障碍物,但事实并非如此。如果根尖遇到障碍物,它会付出很小的努力试图穿越障碍物；如果穿不过去，就绕一小段弯路，继续朝原来的方向前进。相较而言，树根在实现第二个目标的过程中力量会变得非常强大，逐渐变粗的树根足以顶起路面和石板。

我们现在理解了控制根部形态的两个主要影响因素。一是基因决定了整体的形状：盘子形、铅锤形、心脏形或旋塞形；二是环境对根部的影响，我们要知道哪里的树根长得更粗、更壮、更长，还要明白其背后的原因。当树木直立时，很难分辨出这些模式。因此，我们必须抓住每一个机会，欣赏那些已经倒下的、并将根部暴露在地表的树木所展现出的形态。

自然界中的"根雕"

大自然人才济济，拥有众多"雕刻大师"，它们合力把树根雕琢成形态各异的作品。在欣赏这些"根雕"作品之前，我们先来了解一下各位大师的雕刻风格。

1. 根雕大师名录

盛行风的来向　　风对树根有很大的影响，但风并不是随机的，世界各地的风都有一个盛行风向。风产生了拉力和压力两种相反的应力，它们都会导致树根变粗变长，形状也会发生变化。

一般来说，树木迎风侧的根系比其他方向的根系长得更长，也更粗壮。我们可以在树干底部看到，树根在沉入地下之前会先伸展开，这是一条可用于自然导航的线索。最粗长的树根宛如自然的指南针，指示着盛行风的方向。下风侧的根部往往是第二大的，仅次于迎风侧的根。这意味着在北美和欧洲的中纬度地区，你通常可以在树木西侧和东侧的底部发现更宽的、延伸出去的树根，而且这些侧面的树根比其他方向的树根更长。

接合处的角度　如果树干直挺挺地插入土壤，根部从底部横向展开，树干与树根的接合处形成一个直角，对树木而言这是一个弱点。风一吹，这个接合处就会承受巨大的压力。因此，树干底部与根部通常会以曲线的方式连接在一起，这种曲线有助于缓解并分散压力。不同树种的接合处有不同的弯曲度，曲线越平缓，树承受的压力就越大。

生长地的坡度　树根能够适应斜坡。树木实际上不知道自己在上坡还是下坡，它们的根也不知道，它们只能对自己感觉到的力做出反应。下坡侧的根会受到更多压力，上坡侧的根系会感到拉力。为了应对这两种作用力，两边的根都会变得更厚更强，与此同时，它们的长度可能会相差很大。下坡侧会长出低矮而结实的树根，从下方支撑树身，并与重力对抗；而上坡侧需要长出更长的树根才能保持树身直立。

假设你需要在陡坡上仅用木块让一个装满水的木桶保持直立。如果你在木桶较低的一侧使用木块，可能需要一些短粗的木头来支撑底部。但如果你需要从斜坡上方施力，你就需要一根长长的支架才能使木桶保持直立。树木实际上采用了这两种策略，从而形成了两侧根部形态的差异。通常情况下，针叶树倾向于使用自下而上的支撑力；而阔叶树更倾向于使用从上往下的拉力。陡坡上的根部更容易暴露出来，这让我们有更多机会去观察这些现象。

2. 根雕作品简介

8 字形和 T 字形 大部分人认为树根是长得又长又瘦的圆柱体，有一个像软管一样的圆形横截面。事实上，每条树根都在处理不同的应力，所以树木两边的树根形状并不相同。迎风侧的树根处于拉伸状态，呈沙漏形或 8 字形。下风侧那些被挤压的树根，则长成了 T 字形。

我们无法观察到地下的树根，只能从被连根拔起的树上寻找。当你路过倒下的树木时，记得好好观察，可以用手环绕它们的根部，并调动触觉去感知那些视觉可能遗漏的信息。

拉索与支柱 树根并不全都长于地下，部分树根会袒露在地面，我们可以直接观察到树根在迎风侧与背风侧的差异。在迎风侧，应对拉力的树根就像帐篷的牵引绳，起到抵御强风的作用。在背风侧，受到压缩的树根则像支撑着一面倾斜的老墙的支柱。

大象的脚趾 由于盛行风的影响，树干底部呈现出不对称的形状。这让我想起了大象的脚，大象的脚趾指着风吹来的方向。有些树种将这种形态发展到了极致，长出了"支撑根"。这些强大的支撑根从地面延伸至树干高处，取代了传统的连接方式。支

拉索根可以固定树木以抵御强风,并可以用来寻找方向。

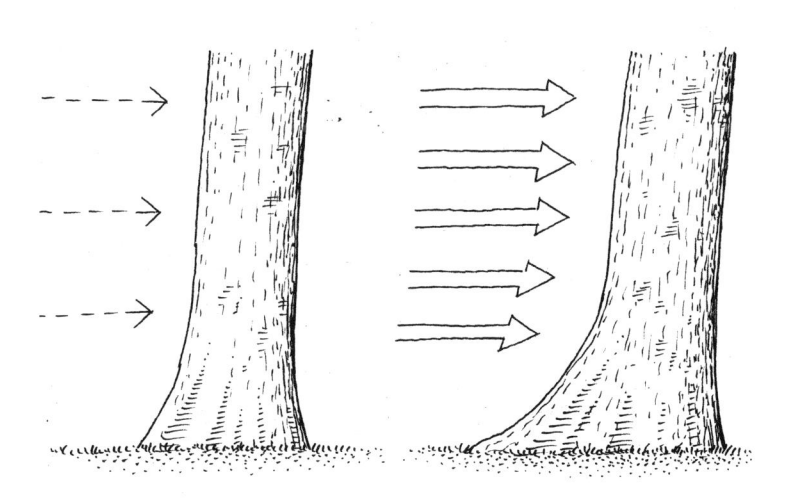

"大象的脚趾"指向盛行风。

第八章 | 树根的隐秘生活

撑根在柔软湿润的土壤中更为常见，尤其是在长有杨树等树种的地区以及湿润的热带地区。

山坡的台阶　树木上坡侧和下坡侧的树根有着不同的角度。当你走上一处被森林覆盖的斜坡时，你会遇到被我称为"台阶"的东西。上坡侧的树根从底部水平地延伸出去，形成一个小平台；下坡侧的树根几乎是垂直向下延伸。当我们从大树的上坡侧走向下坡侧，就会出现一个小幅度的下降。

当我们沿着陡坡行走，使用树木作为支撑物以保持平衡时，这种现象尤为明显。此时，我们可以依靠台阶逐步往上，尽管有些费力，但对于长时间的徒步旅行来说，不失为一种愉悦的体验。

树根在山坡上形成的"台阶"

树根踩踏之谜

我们前面了解到，踩踏会使树根受损，杀死树根上方的树枝。即便是轻微的踩踏，有些树木也会受到严重的伤害，但有些树就算毗邻繁忙的道路，也不会对它们产生太大的影响。这种截然相反的情况可能会令人困惑。当然，有些树种比较脆弱，但相同树种的两棵树也会出现我们说的这种差异，可见对踩踏的承受能力与树种并无直接关系。

我家住在奇切斯特附近，这里古时被称为 Noviomagus Reginorum（意为女王的新市场），曾经是罗马人的定居点。罗马人修建了一条从新市场（Noviomagus）到古伦敦（Londinium）的道路，这条路笔直而精良，颇具盛名，直至今日仍能清晰地看到它的痕迹。尽管现在有一部分老路被新的 A29 号公路覆盖，但我只要出后门走上一小段路，就可以步入这条宽阔笔直的小径。它在树林里切割出一条清晰的线。

这条古老的小路在水青冈、山楂、梣木、接骨木和其他树木的根系之间穿梭，导致有些路面非常狭窄、凹凸不平。古罗马人或许会对这条崎岖不平的小径感到不满，我却对它情有独钟。它是一条迷人的小径，为步行者、骑行者、狗、羊、鹿、兔以及钉靴留下的微弱回声所共享。

为什么这条破旧的小路没有杀死路边的树？或者至少杀死那些靠近路面的树枝？这个问题困扰了我很多年。即便是最狭窄的地方，人流量也很大，行人经常从树根上踩过，踩踏处被磨得锃亮，但路上方的树枝却长得粗壮而健康。当其他的树在轻柔的脚步声中挣扎或枯萎时，这些生长在繁忙道路上的树为什么能茁壮成长呢？

原因在于树根的脆弱程度以及它与树干的距离。树干附近的树根更厚、木质化程度更高，重重地踩上去可能问题也不是很大；但离树干最远的树根末梢则十分脆弱，轻微的踩踏就会给树冠造成严重的伤害。踩踏通常并不会直接伤害到根部，但会压实土壤，并引起土壤空穴化，这两者都会影响树根的供水能力。

接骨木等小型树种能在交通繁忙的地区茁壮成长，是因为它们的根系已经进化到能够忍受被压实的土壤。树根有两项最主要的任务：一是支撑，二是供给。它们会分工合作，树干附近较厚的根系负责支撑树身，而远处细小、分散的须根，则承担着运输水分和矿物质的工作。

如果你站着的地方伸手就能够到大树的树干，那么你所站位置下方的根系也是最粗壮的。这些根系很坚硬，足以承受频繁的踩踏。而树冠边缘的下方，长着最敏感的树根，这个区域被称为"滴水线"，地表下脆弱的树根收集着从树冠边缘流下来的雨水。如果你想给一棵树浇水施肥，应该在这里浇灌。如果在这个区域行走踩踏，它上面的树枝就会逐渐枯败，直至凋落。

这条修建于古罗马时期的道路，从发达而坚硬的树根上穿过。路面离大树太近了，所以不会对它们造成严重的伤害。即使古代士兵的声音已被山地自行车的咔嗒声所取代，它们仍在茁壮成长。

对树木造成伤害的不只有人类修建的路，许多动物在食物、水源和住所之间也会沿着同一条路线走。我有个朋友对榆树很痴迷。有一次，我和他一起在布莱顿普雷斯顿公园高大的榆树之间穿行。他跟我说，前往水槽喝水的羊群踩出了一条羊道，羊道的上方有一排枯萎的树枝。*

土壤中的裂纹

树根附近的土壤往往蕴含着丰富的信息。如果你在树下发现特别干燥的土壤，可以调查一下。干燥的土壤很容易开裂，我们可以通过土壤的裂纹来测量树木锚固的程度。如果盛行风吹来的一侧有更多的裂缝，就表明这棵树很容易受到强风的影响。如果裂缝蔓延并形成以树干为中心的半圆形，那么这棵树可能无法承受住下一次大风。

相较于山上被风摧残的树，城里的树被保护得更好。不过，

---

* 我花了很多时间寻找那些我知道一定存在的东西，但还没有找到。如果树冠边缘的根吸收了大量的水，靠近树干的根部则没有，这意味着当我们远离树木时，地上会存在湿润和干燥两种不同的土圈，内圈干燥，外圈湿润。湿度的波动应该会影响土壤和植物的颜色，但到目前为止，我还没有发现任何明显的迹象。或许是滴水线上的水量恰好与那里根系吸收的水量相平衡，但这在我看来似乎太过完美了。我仍需继续探索。

城里也有强劲的风，有时我们能在树木附近的混凝土、步道砖或柏油路面上看到裂缝。如果树木生长在能够引风的长街两旁，或是靠近那些可能引起强风的摩天大楼，这种情况就更为常见。

浮出地面的根

我曾探访过英格兰西南部德文郡一个荒凉而湿润的区域。那里生长着许多喜爱湿润环境的树木和低矮植物，如柳树和灯芯草，我还能在地面上看到许多树根。这些观察结果并不是孤立的。

树木总是希望它们的根部至少有一部分扎根于土壤之下，即便是那些长着盘状根系的树木。当我们看到树根在远离树干的地方露出地表时，通常意味着土壤中的某些因素正在影响根部。有可能是水浸，如果地下水位异常高，根部就会被迫上移以避免被水浸泡。这并不是说它们不需要水分，而是它们也需要氧气，停滞的水体氧气含量比较低。针叶树的根部对水浸更敏感，阔叶树也同样会受到影响。

土壤中的水分一方面导致树根在浅层生长，由于根系太接近地表，所以锚定得不是很牢固；另一方面，水分削弱了土壤的强度，长在松软土壤上的树很难应对强风的侵袭。柳树和桤木等低矮的树由于位于强风带之下，所以能够较好地应对这种情况。当高大的树能够依靠浅根生存时，通常意味着它们可能处在风影区[1]，比如树林的下风侧或高地的背风面。这些树对来自罕见的不寻常方向的风暴极为敏感。2021年11月底登陆英国的风暴阿尔温就是一个例子，它从东北方向袭来，导致湖区国家公园里的许多百年老树被连根拔起。

当你发现树根浮出地面，但并不是因为水太多了时，这通常意味着土壤很单薄，可能地下就是岩石层，所以树根被迫向上生长，浮出地表。在这种情况下，你可以从土壤的颜色以及土壤中混杂的岩石找到明显的证据。

当你注意到树根远离树干，在地面扩散时，可以观察一下树冠，大概树冠的状态也不太健康。如果负责吸收养分的根部在困境中挣扎，这棵树可能无法生长出茂盛的树冠。

树木的"幽闭恐惧症"

有一次，我在得克萨斯州一条人行道上等绿灯。我按下了信号灯的按钮，迫不及待想要过马路。可这是一条双向8车道的公路，车来车往，路灯迟迟不变绿。我等得不耐烦，便沿着公路，朝着目的地方向走去。直到车流渐稀，我抓住一个空档，跑到了马路中间一个狭窄的安全岛上。

---

1 风影区，指气流通过地形障碍或地面障碍物时，障碍物背风侧由于流线辐射，气流急速减弱的空间范围。

遗憾的是，问题并没有得到解决，我还是没能穿行到马路对面，反而被困在了8条车道汇聚而成的车流之中。一位老太太开着小型卡车从我身边疾驰而过，那辆卡车装有巨大的车轮和轰鸣的排气管。车流在我眼前密集且迅速地流动着，仿佛几个小时都未间断过。我进退维谷，无法在不违反交通规则的情况下安全地离开这个充满尾气的孤岛。我只能接受现状，开始寻找能暂时转移注意力的事物。周围都是乏味的广告，一只黑秃鹫吸引了我的注意，它正在路的另一边享用某只不幸生物的残骸。随后，我发现了宝藏：一排小树生长在安全岛上干燥的花坛中，应该是紫薇。

为了打发时间，我沿着这排树前行，发现它们的高矮变化是有规律的：两端的树木最矮，越往中间越高，正中间的那一棵最高。这些树都不是很高大，当我从两端走向中央时，可以明显观察到由矮至高的趋势。这一现象应该与树龄无关，因为它们树龄相仿，很可能是同一天栽种的。

起初，我以为这是先前我们提到过的"楔子效应"，两端的树木因为承受了更多风力（过往车辆可能增强了部分风力）而长得比较低矮，但随后我发现了真正的原因。那个花坛的宽度并不均匀，两端窄，中央宽。位于两端的树木，其根部被混凝土紧紧束缚，这意味着这些树的生长空间很受限，因此长得不像中间那棵树那么高大。

最后，我从车流中逃了出来。在我成功逃离之前，有一句话在我被汽车尾气笼罩的大脑里浮现："如果树根没有生长空间，树就无法开花结果。"

我已经开始寻找这种现象,我发现在多石地带和城市当中都可以见到。城市园林设计师有时欠缺考量,在空间逼仄、树根难以伸展的地方种上了树。如果你在城市里看到成排种植的树,通常最末尾的那些比其他的要矮一些,它的根部生长很受限制,可能患有"幽闭恐惧症"。

从土壤里伸出的"弯曲手指"

某个冬日黄昏,我走进位于苏塞克斯的一片红豆杉林,置身于周围老树黑暗、压抑的氛围中。猫头鹰在不远处的叫声,更为这片林地增添了几分阴郁。我继续前行,突然瞥见那些从土里伸出的弯曲的"手指",感到一阵战栗。尽管已无数次经过这里,但在12月昏暗的光线下,那些黝黑的"木手"还是让我感到了一丝寒意。

你可能偶尔会在树上发现这种令人困惑的现象,别着急,答案就藏在树木的生长过程中。当树枝低垂到地面时,树木会有所感知,于是萌发出新的根须,扎入土中。这样一来,树枝就有了属于自己的水分和营养来源,不再依赖母树。随着时间的流逝,树枝与母树之间的联系会慢慢变弱直至消失,最终在大约3米之外形成了一棵新的克隆树。这个过程被称作"压条",通常发生在母树遇到困难的时候。

新树往往呈现出一种独特的形态，因为它的生命始于一根水平生长的树枝。无论它最终长得多么高大，接近地面的地方总会有一个明显的弯曲或扭结。有时，母树的多根树枝触及地面，压条过程会在这些树枝上相继发生，从而形成一圈或是一排常见的弧形新树。在这种情况下，新树在生长初期总是呈放射状排列，它们背向母树，沿着各自触地时的方向生长。

识别近期发生的压条现象相对简单，尤其是当母树仍然存活的时候。我们在看到一些低垂的树枝几乎触及地面时，能够想象整个压条过程。然而，在红豆杉等长寿树种中，新生的树往往比母树活得更久。这就形成了一种奇特的景象：一排弯曲的树形成一个不完整的环，宛如从土中伸出的手指。

如果你看到一个奇特的树环，它们开始生长的地方接近水平，然后向上弯曲直至垂直，那么看看树环的中心，你可能会发现一个腐烂的树桩或母树的遗迹。

落叶堆积的规律

树的底部会形成有趣的模式。树根向外伸展，形成一张网，随时准备抓取被风吹来的东西——枯枝、落叶、灰尘、羽毛等等。树阻碍了"风力漂浮物"的路，有些漂浮物从风中掉落，堆积在树的底部。这其中总有我们可以寻找的模式。

枯叶是我们在林地及其附近最常看到的漂浮物。如果研究树的主根之间的空隙，你会注意到叶子在树的一侧形成了小而深的堆积，而另一侧几乎没有。在斜坡上，你会看到更多叶子聚集在树的上坡侧（这凸显了"台阶"的存在）。是风形成了这种堆积模式，其中有两个空气动力学的原因。

聚集在树根一侧的落叶

任何被风吹起的东西都可能在风速减慢时从风中掉落。当风遇到障碍物时，总有一些地方是风无法到达的，这些被遮蔽的地方称为"风影"。它们像磁铁一样吸引枯叶，叶子落入静止的空气中，在微小的遮蔽处堆积起来，因为没有风可以把它们带出来。

发生这种情况的第二个原因，是树根两侧的形状不同。迎风

第八章｜树根的隐秘生活

侧的树根为了应对拉力向外延伸，长得像帐篷的牵引绳；背风侧的树根受到压缩力的影响，生长策略不是向外延伸，而是长得又宽又大，形成了一个凹陷的空间，树叶便在此处堆积。

不久前，我穿越一座山林，那里的植被从水青冈渐变为橡树，再变为北美乔柏。随着树种的更迭，落叶的种类也在发生变化，但都堆积在树根的东北侧，西南侧几乎没有多少落叶。我们可以选择利用这些自然图案来辅助导航，或者只是单纯地为我们的旅途增添一份乐趣。

◐ 间奏
如何观看一棵树

几天前，我在离家不远的山顶上待了一会儿，那儿有一片圆形的小树林。我在那里观察到一种简单且有助于自然导航的模式，我此前竟然从未注意到它！这里先卖一个关子，我们将在本章的后续内容中继续探讨这个模式，现在的首要任务是了解感知的科学。

我们无法理解自己尚未察觉的事物。正如我多次向自己证明的那样，发现的过程并不像听起来那么简单。发现事物的秘诀，隐藏在下面这个简单的故事里。

有一天，我去伦敦西南部的东辛公墓缅怀故人。透过树篱的缝隙，我看到了一片整洁的墓地。矩形的墓碑排列整齐，笔直地向远处延伸。这里坟墓众多，远远望去，很难留意到某个单座坟墓的情况。

这时，一辆浅蓝色的老福特在两排坟墓中间缓缓驶过，一位白发苍苍、身着黑色外套的老妇人走了下来。她举止端庄，缓缓走向墓地。我生怕自己打扰到她，便转身离开。如果不认识墓地里的死者，会有一种非法入侵的感觉。

墓地附近有很多树，其他区域则相对少一些。不过，数量虽少，品种却很多，有红豆杉、雪松、松树、桦树、橡树和槭树。我突发奇想，准备看看有多少树是成对生长的，又有多少是三五成群地长在一起的。没过多久，我就看到了一对红豆杉、一对槭树，还有四棵二球悬铃木。这里树种繁多，树列齐整，树形整洁，一定经常有人打理。墓地的人流量很少，在劳作的园丁和嘈杂的机械衬托下，更显得访客寥寥。

一阵微风吹来，摇曳的垂枝桦树枝引起了我的兴趣，我朝它走了过去。

故事到此结束。在这篇朴素但写实的随笔中，可以看出我做了很多细微的观察。我想尽量关注一些人们容易错过的东西，因为我们通常只会注意那些显著的事物。鹿和兔子之所以会在发现我们时定住不动，是因为运动能吸引人类的注意。尽管未能尽览墓地中的树木，但垂枝桦摇曳的枝丫却吸引了我的注意。

另一方面，反常的形状、现象和颜色，也会引发我们的思考。苍白的墓碑在草地上形成一条直线。我没料到自己会看到那辆老式的淡蓝色旧车行驶在墓地中央。它运动着，看起来很违和，我不自觉地注意到了它。我还注意到那位女士的白头发与她的黑外套形成了鲜明的对比。

知觉有生理和心理两个部分。我们可以通过望远镜或隐形眼镜来提高自己生理上的观测能力。我们也可以改善心理方面的能力，最好的方法就是强化自己的动机。当我们关心自己所看到的东西，就能注意到更多事物。

我们往往能敏锐地察觉到自己爱人脸上最微妙的情绪变化，自然选择的进化过程赋予了我们这种敏锐的观察力。（我们也进行了精心的调整，以理解他人的动机，这就是为什么人类总是控制不住偷听的欲望。）当我们依赖大自然进行导航或觅食时，重要的现象就会自然凸显出来。有趣的是，在没有直接现实需求的情况下，我们仍可以通过培养兴趣来增强自己的探索动机。

当所学的知识能够揭示事物的深层含义时，我们便能体验到认知上的奇妙飞跃。20世纪90年代初，美国行为经济学家乔治·洛温斯坦对好奇心做出了解释。经济学家都在研究金钱，因为它容易定义和衡量，但好奇心却不易定义，也难以衡量。大部分人都认同好奇心的重要性，认为它通过比金钱更有趣的方式塑造着世界。但是，关于金钱的研究如火如荼，关于好奇心的研究却少得可怜。洛温斯坦是研究好奇心的少数人之一，他提出了"信息缺口"的概念，指出好奇心是"一种由认知引发的求知欲，源于对知识和理解的差距的感知"。

好奇心也可以说是一种渴望。当我们已经掌握部分信息，但仍有缺失时，就会感到好奇。如果这个说法听起来不是很有开创性，可能是因为我们倾向于关注缺失的部分，但独特性却在于我们所知道的部分。如果信息没有已知和未知这两个端口，你就不可能看到信息的缺口。洛温斯坦的观点强调，对某事略知一二比一无所知更容易激发我们的好奇心。一知半解能够点燃好奇的导火索，全然无知则无法擦出好奇的火花。

幸运的是，我们能够培养自己的探索欲，通过探索未知来激发自己的好奇心。引发好奇的关键在于，先了解一些基础知识，从而认识到更多的未知领域。当一份填词游戏只差两个词的时候，会比空白谜题更令人好奇。

看一棵树的时候，我们总能迅速捕捉到它的形态、颜色，以及叶子的外观。你可以把眼前这棵树与树木的普遍特征进行对比，找出它们之间的差异。差异的背后一定有原因。这个未知的原因就是我们认知上的缺口。一旦我们知道这个缺口的存在，就点燃了好奇心。试图寻找这些差异的答案，并思考它们的意涵，才算是第一次真正地看到了这棵树。

好了，说回我在本章开头提到的那个非同寻常的模式。我们在前一章研究了许多种根系模式，包括根系在盛行风中变得更大、更强、更长的方式，而我当时看到的是一种新的树根模式。

我在圆形树林里注意到了两个以前未曾察觉的现象，它们揭示了长久以来隐藏在我面前的自然秘密。那天下午，太阳大部分时间都躲在云层后面，随着太阳落到云层下方，橙色的光芒照射到我所在的树林。树冠层遮蔽了大部分光线，但还有一些光线照射到了一些树的基部。对比鲜明的颜色和太阳光的移动吸引了我的注意，它们强烈地指向一个方向。

我的大脑告诉我树根指的应该是西南方向，但我很快就发现，实际上树根指的是北方。太奇怪了！怎么会这样？此时我的理解出现了缺口，强烈的好奇心迫使我去解读这个偶然观察到的现象的含义。这种感觉非常强烈，足以让我在这里全神贯注地待上半个小时，直到解开谜团，把信息缺口补上。

运动、颜色、对比和好奇心，帮我看到了自己可能错过的东西。

在仔细观察那片圆形树林边缘的树根之后，我注意到它们都指向树林的边缘。这突然就变得很合理。在林地的外围，四周的风强于中心的风。强风使树根长得越来越壮、越来越长，林地外围的树根会指向树林的边缘方向。这些树根在指路！

本书旨在理解我们在树上看到的东西，这是好奇心良性循环不可或缺的部分。要探索的越多，我们注意到的就越多，看到的也会越多。在这种情况下，我们开始看到一些自己过往所忽视的东西。

无论我们以何种非传统的方式注意到新事物，一旦我们理解了它的意义，这个发现就会在未来不断地启发我们，最大的乐趣莫过于此。它再也无法隐藏了！

第九章

多变的树叶

在古希腊,当人们面临艰难抉择时,他们会向女祭司寻求帮助,请求神的指示。其中两个最著名的神谕便是德尔斐[1]神谕和多多纳[2]神谕。德尔斐神谕的使者是皮媞亚,她以神秘荒谬的胡言乱语而闻名。有人说,那是她咀嚼了月桂叶或吸入烟雾之后所产生的中毒症状。

橡树在古希腊很神圣,被当作宙斯之树。旅行者在抵达多多纳之后,会寻找睡在一棵非常特别的橡树下面的女祭司。这位神使会倾听旅行者的困境,然后转向橡树寻找答案,树叶的沙沙声被认为是宙斯的声音。

这一章我们将深入探索树叶所蕴含的丰富信息,并学习独立解读这些自然迹象的方法。

---

[1] 德尔斐是所有古希腊城邦共同的圣地。著名的德尔斐神谕就在阿波罗神庙里发布。

[2] 多多纳,古希腊宗教圣地,有著名的宙斯神庙。

叶片的大小很重要

所有树叶的任务都是尽力捕获阳光，并高效地交换气体。既然如此，为什么树叶的形状却千奇百怪？在同一个区域之内，太阳没有明显的变化，空气也没有变化，可是我们却能看到肥厚的阔叶、细瘦的针叶，还有椭圆形的、三角形的、分裂的、齿状的、带刺的、起皱的、无光泽的、有光泽的、长茎的、短茎的、模式简单的和模式复杂的叶子，为什么会这样？树叶上有很多细节，每一个细节都承载着特定的信息。我们观察树叶的关键，就在于识别出哪些特征包含了最有趣的故事。

大自然不是异想天开的艺术家，它所展现的多样性并非为了赢得赞誉，而是为了适应环境。树木在小范围内经受了不同程度的水、风、光和热，这些变化都会反映在树叶上。也就是说，不同的环境因素所产生的影响会导致不同的表现，这些差异是我们了解树木的窗口。一旦你注意到它们，请抓住机会深入考察！

你可以留意一下街上行走的人，他们的手肘是紧贴身体还是自然摆动。天气恶劣的时候，很少有人会伸出手臂或举起双手。动物会在寒风中蜷起四肢，使身体更紧凑，这样更不容易损失热量。针叶树的针叶或鳞片都不会长得很大，小的树叶能更好地应对恶劣环境。在寒冷或开阔地区生长的阔叶树，其叶子也较小。一般来说，一片叶子所面对的生存环境越严酷（寒冷或是多风），它就会长得越小。

生长在多风地带的树的叶子，会比有庇护的树的叶子更小、更厚。同一棵树上最无遮挡部分的叶子，比最隐蔽地区的叶子要小得多。如果你在路上遇到两棵品种相同的树，一棵长在山顶，一棵长在山谷，山顶那棵树顶部的叶子可能是最小、最厚的；山谷里那棵树底部的树叶很可能是最大、最薄的。

树叶也反映了光照水平。树木主要有阳生叶和阴生叶[1]两种类型。阳生叶更小、更厚、颜色较浅；大多生长在阳光更强的南侧，遍布树冠的边缘和顶部。阴生叶更大、更薄、颜色更深；生长在树冠的内部和树的北侧，低处更常见。

树叶也会对周遭的环境做出反应。如果一棵树被一棵新树或建筑物遮蔽，阳生叶会转变为阴生叶。这是树叶的可塑性。树在前一个生长季即将结束的时候形成新芽，为下一个生长季的开始做好准备。此时，树会做出从一种形态转变为另一种形态的"决定"。

干燥地区的叶子普遍较小，因为大叶子的水分更容易蒸发掉，小叶子更节水。阴凉潮湿的地区有很多宽大松软的叶子，在丛林中你能发现最大的叶子。

了解树叶生长的普遍模式之后，我们会在阳光充足、干燥、寒冷和多风的地方发现异常小的叶子或针叶。树线标志着山林的

---

[1] 阳生叶，即生长在阳光直接照射下的叶子。阴生叶，即生长在部分或全部遮阴环境下的叶子。

顶端，研究树线附近的叶子，并与河流附近的叶子进行比较，你会看到二者的大小存在惊人的差异。

单叶还是复叶？

在多风、晦暗或湿润的环境中，树叶大小的变化尤为显著，因为这些因素会直接影响到水分的保持和光合作用的效率。植物学家们用丰富的术语来描述叶子的形状，有些词语几乎就是一幅画，比如卵形、三角形、菱形；还有许多术语较为模糊，让人发笑，比如心形、二出、奇数羽状、掌状。*

叶片的大小与分枝模式之间呈现出有趣的联系，这一点我们在讨论枝条末端时已有提及，现在有必要从树叶的角度重新审视这种现象：大树上的叶子越小，你就能数出越多树枝。原因很简单，树木需要粗壮的树枝来支撑巨大的叶子，同时也需要很多长着小叶片的树枝来填补缺口。这种现象显而易见，但除非我们主动观察，否则它们很容易被忽视。大黄等大叶植物，每片叶子下方都有一根粗壮的茎，而有大量小叶子的草本植物会分生出很多迷你枝条。假如你要探索后一种模式，最好蹲下来，才能观察到地面附近的情况。

---

* 卵形：蛋形，椭圆形；三角形：形状像希腊字母 Δ（德尔塔）；菱形：钻石形；心形：心脏的形状；二出：有两个小叶，每个小叶又有两个；奇数羽状：有奇数个小叶和一个顶生小叶；掌状：有深切口的手掌状裂片。

观察叶片形状时，我们需要做的第一个判断是：叶片是单叶还是复叶？你看到的叶子是单片的，还是一组小叶中的一部分？单叶是由一根叶柄附着在木质化的树枝上，复叶是从一根绿色的轴状叶柄上长出来。如果成对的小叶从中间绿色的叶柄上长出来，就被称为"羽状复叶"。

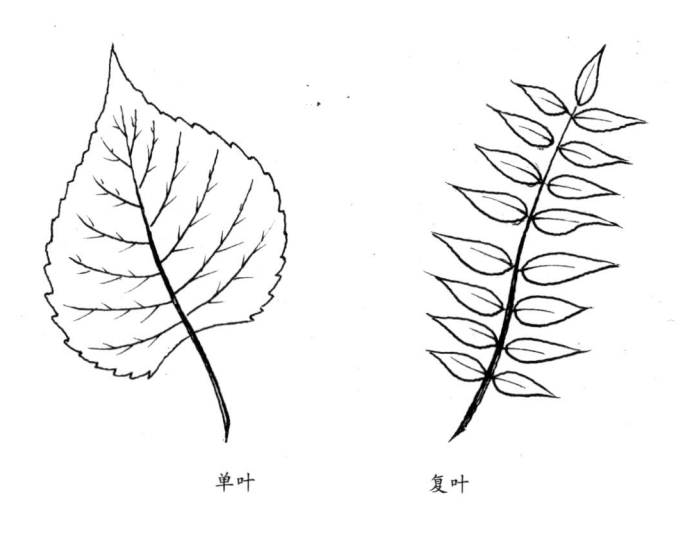

单叶　　　　复叶

在凉爽的温带地区，羽状复叶可以让树长出大量的小叶，快速捕获大量的光。这种模式适合快速生长的树，在明亮或多风地带，效果尤其好。比如先锋树会在开阔的土地上迅速生长，但它必须与大量的直射光和难以躲避的大风抗争。复叶能使光线穿过间隙，到达树木的下层。*

---

*　在更加炎热干旱的地区，复叶所承载的意义有所不同。这样的叶片结构能使树木在干旱时期脱落整个叶轴，实质上是通过丢弃整簇的叶子来保存珍贵的水分。

总而言之，长有羽状复叶是一棵树充分利用空隙的标志，梣木和接骨木便是如此。先锋树生长于有充裕空间的早期林地，羽状复叶的成长也需要空间，因此，羽状复叶是树木仍然年轻的标志，它将在未来几十年发生巨大的变化。

不要和自己竞争

几年前，我和家人在伦敦的一个公园里野餐。我们在路旁席地而坐，每隔几秒钟就有气喘吁吁的跑步者从我们身边经过。对我而言，运动本身是好的，尤其是我参与其中的时候；然而，当我处于放松状态，嘴里塞着鸡蛋三明治时，看到别人运动的样子总觉得有几分滑稽。看到这群跑步者身着印有"挑战自我"的T恤，我忍俊不禁，等他们跑远后终于笑出声来。某些职业运动员在采访中表示，他们是为了超越自我，而不只是与对手竞争。这种说辞很荒谬，很可笑，却是一种广受欢迎的回避策略，用以搪塞那些可能带来负面影响的问题。

所有的生物都在争夺资源，并且经常与同一物种的其他个体竞争。竞争异常激烈，此时最不需要的就是与自己竞争。树木绝对负担不起与自己竞争的代价。如果一棵树倒在树林里，相邻的两棵树会为了争取新的光照相互竞争。但是，如果同一棵树上的每根树枝和每片叶子都朝着彼此生长，以期长在对方之上，相互遮蔽，这不是一个可持续的策略。叶子的生长需要大量能量，没有多余的资源长出相互遮蔽的叶子。它们必须合作，并遵循既定的生长计划。

最简单的方案是，通过树枝把叶子放在一个平面上，就像盘子一样。宽阔平整的叶子上方没有树枝，就没有被遮蔽的危险。水青冈和槭树喜欢这种模式，但这太理想主义，只在单层树上长期适用。实际上，许多树的树枝都是多层次的，它们下部的树枝一般会通过改变茎秆的角度或长度，使叶子获得充足的阳光。这种巧妙的策略寻求的是合作，而不是竞争。

如果植物能够确保上下层的叶子以不同的角度生长，就会降低被阴影遮蔽的风险。从顶部看，叶片整体的形状有点像螺旋楼梯，每走一步都是一片新叶。这种策略在低矮的植物身上更常见。俯视一棵小叶灌木或草本植物，你会发现它们是如何实现这一策略的。首先，你不太能看到地面，因为植物的叶子覆盖了大部分区域。其次，如果从你的眼睛到地面画一条垂直线，这条线穿过的叶子不会超过一片。植物已经做好了安排，避免降低光合作用的效率。

还有一种方法可以避免新叶遮挡老叶，即缩短叶柄，使高处的叶子更贴近树枝，这样就不会直接给低处的叶子投下阴影。较高的叶子长得也更小，这合乎逻辑，在顶部长出大叶子是不可取的。植物可不是傻子！

这些避免叶片相互遮蔽的生长策略在低处更为明显。因此，当你观察靠近地面的树枝时，不妨细致察看植物是如何巧妙地安排叶片的。是叶片宽阔、角度巧妙、叶柄较短、顶部叶片细小，还是某种巧妙的组合？

翻转的钩号

前文我们已经了解过树枝的对钩效应，南侧的树枝更接近水平，北面的更接近垂直。叶子也有自己的对钩效应，但它是相反的。南侧的叶子更接近垂直，指向地面。北面的叶子更接近水平。原因很简单，因为树枝向光生长，叶子却垂直于光，它们需要直面光线并捕获它。大部分光线从南面照射过来，但北面的光线大都来自上方的天空。

这听起来有点儿复杂，我来解释一下。我们知道，同一棵树不同部位所接受的光照水平并不相同。从客观因素看，南北两侧的光照各有不同；从树木本身看，里外、上下亦有差别，越靠近树干，光照就越少。若想收获尽可能多的光照，树叶应如何生长？这个问题需要辩证地看待。

第一，叶子在南侧生长。此时，太阳在南侧，枝叶也在南侧，南面的光线最充足。首先，南侧的树枝朝着阳光水平生长，直至树冠边缘；其次，南侧的树叶为了能够进行充分的光合作用，它们需要面向太阳，于是长得更接近于垂直方向。

第二，叶子在北侧生长。此时，太阳在南侧，枝叶在北侧，最明亮的光线位于正上方。由于树身的遮挡，北侧的树枝无法感知到南侧的光线，只能感知到头顶上方的光线，树枝需要垂直向上生长。而垂直树枝上的树叶若想捕捉到高处的光线，就得长得更为水平。

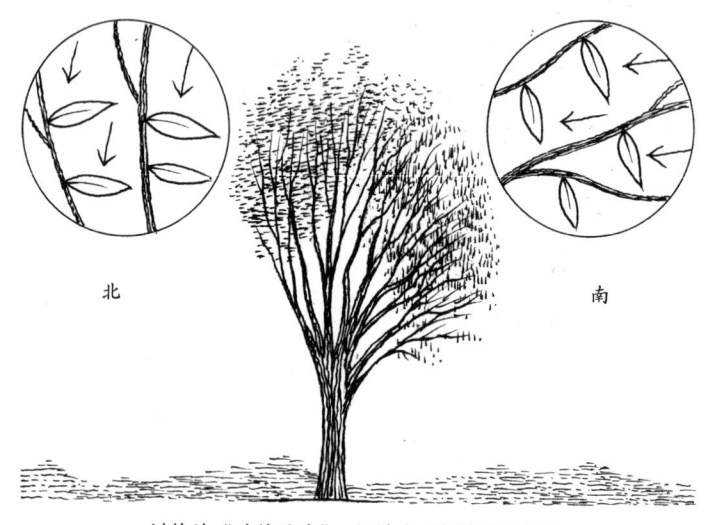

树枝的"对钩效应"，与树叶"翻转的钩号"。

这种现象同样贯穿于每一棵阔叶树和比较低矮的植物。偶尔我们会发现一片看似随意生长的叶子，这恰好是我们停下脚步，思考这棵树采取了什么生长策略、它是如何适应环境的机会。树叶并不关心南北，它们只关心光线。就像树枝朝向河面、大道中心生长一样，树叶也朝向更亮的区域。无论我们走到树林的哪一边，宽阔的叶子都会面对你，因为我们总是从光线照向森林的方向走进树林的。

傍水而生的柳叶

柳树有很多个种类，柳叶的形态也各有特点。相较于识别柳树的种类或给它们命名，我认为观察柳叶的形状更有趣，而想要读懂它们也并不难。不过，我平日散步的路上有一种黄花柳，它的叶片是宽阔的椭圆形，人们不太容易一下子认出它是一种柳树。我还看到过少见的爆竹柳，叶片修长纤细，是经典的"披针形"，也称"长矛形"。

不必深究柳树的学名，仅通过观察柳叶的形状，我们便可得知其生长的环境：越靠近水流，柳叶越细长。黄花柳喜欢在潮湿的土壤中生长，但从不靠近水流，所以它们的叶子是卵圆形的。如果看到爆竹柳和其他细叶的柳树，表明我已经接近河边。纤细的叶子比宽大的椭圆形叶子更能应对水流。

桤木在水流附近生长，但叶子更宽，似乎有违常理。这是另一条线索。桤木和柳树都生长在水边，但它们遵循不同的生存策略。柳树的策略是向下游繁殖。它们知道自己无法战胜湍流，因此懂得如何将劣势转化为优势，湍急的水流将柳树的细枝折断，细枝顺流而下，最后在下游的河滩搁浅。此后，断枝在河滩扎根，柳树的生命得到了延续。柳树输掉一场战役，却赢了整场战争。

桤木采取了完全不同的方法，它们的树干和根系更坚固，可以抵御水流。它们不仅能坚守阵地，还能保护河岸免受侵蚀。但这种方法也有局限性，桤木大多只能在温和的溪流中成长，特别是在静止或缓慢流动的浅水区域，它们可以在那里形成喀尔斯[1]湿地森林。与柳树不同，桤木的叶子通常不会低垂至水面，而是保持在一定高度，避免与水流直接接触。

我很喜欢探索安伯利布鲁克斯湿地的柳树和桤木。一个夏日的午后，我和同伴约好去那里散步。夏日炎炎，酷暑难耐，此时不太适合户外活动，静坐冥思更有益身心。我比其他人提前半小时到达，正好可以独享这份悠闲。我坐在圆木上，眺望前方的桤木，思索着桤木叶和柳叶的差异。当其他人抵达时，我的脑海中已经构思出了两句诗：

桤木的叶子高扬。

柳树的叶子低垂。

更深的叶裂

许多树种的叶子都有裂片，最常见的是每片叶子有五个裂片或五根"手指"，这种现象在槭树上最明显。裂片很美观，但自

---

1 喀尔斯（Carrs）是一种特定类型的湿地森林生态系统，主要由耐湿的树种组成，如桤木。这种生态系统通常出现在水流缓慢或几乎静止的浅水区域，比如河流的边缘地带、沼泽或者湿地。桤木等树种能够在这种水分充足的环境中茁壮成长，逐渐形成密集的林地。

然界不会仅仅为了美观就付出代价。那么，叶裂究竟为何存在？答案是：裂片打破了叶子的边缘，改变了叶子表面及周围的气流，使叶子更容易散热。在炎热的日子里，裂片就如同一把扇子。向阳的叶子会有更深、更明显的裂片，我们可以在树冠较高的部分以及南侧看到这种明显的现象。这里所谓更深的裂片，是指凹陷的部分更明显。打个比方，如果沿着叶子的边缘画线，裂片意味着我们会时不时靠近叶子的中心；越接近中心，裂片就越深。

12月一个宜人的早晨，我去肯辛顿大街购买圣诞节所需的物品，好好的一天就这样被购物浪费了！我喜欢挑选礼物并把礼物赠送出去，但一进商店就让我头疼，太折磨人了。货比三家，经过一番讨价还价，我终于买好了礼物，累得我满头大汗。我决定先在凉爽的户外休息一会儿。我喘着气，站在宽阔的人行道上，瞅见蛋糕店橱窗里摆着撒了厚厚一层糖霜的纸杯蛋糕，但看到它那不菲的价格，我放弃了买来尝尝的想法。我把视线从蛋糕上移开，看到了两株三球悬铃木。

三球悬铃木的叶片有深裂，从树底仰望树梢，叶子的裂片越来越深。树冠顶部的叶裂被拉伸得异常修长，仿佛某种五趾怪鸟的巨大爪印。留意到叶片的形态随着高度的增加而不断变化，我心中涌起一股莫名的满足感。这份喜悦可不是昂贵的甜点能给予的！

树叶的年龄

我上学的时候，学校要求我们头发不能留到衬衫的衣领。学校认为这个简单的方法可以阻止我们重复父母那一代的罪恶，他们那个时代到处都是嬉皮士。

但我们可是青少年啊，怎么会不知道规章制度是用来约束我们的？！我们把刘海留到下巴的长度，然后往后一捋，刚好可以碰到脖子后面的衣领。一放学我们就开始摇头晃脑，用蓬乱的头发表达自己，就跟精力旺盛、满怀叛逆的白痴一样。我儿子这一代人则决定要复兴鲻鱼头发型，他们把正面和侧面的头发都剪短，任由后面的头发疯长。听起来挺可怕的，但哪一代人的青春不张狂呢！

生活中几乎没有什么是一成不变的，我们的外貌会随着年龄的增长而变化。树也是如此，老树的叶子看起来与幼树的叶子很不同。

有些植物的幼叶和成叶的外观不同，叶片的形式从幼年到成熟阶段会发生变化。科学家仍在研究为什么会发生这种情况。我知道的最合乎逻辑的解释认为，小树是建设者，需要大量的碳；老树是幸存者，需要维持漫长的生命。叶子通过变形以适应不同优先等级的生长任务。研究人员发现，炎热或寒冷所带来的压力不会杀死植物，而是使之更成熟，即促使植物从幼年向成熟转变。

有些树的变化非常明显,如果事先没有了解,可能根本认不出来。例如桉树的叶子会随着逐渐成熟由圆形变得又长又薄。不需要观察那些极端的个例,你只需从自己周围开始观察,就会有意想不到的收获。幼年针叶树的叶子在视觉和触觉上与它们年迈的邻居完全不同。针叶的形状因树种而异,年轻的针叶通常比老叶更短、更薄,摸起来更柔软,更像灌木丛。

这个游戏的乐趣在于,树身的各个部分并不都是相同的年龄。出于文化上的方便,我们习惯将每个人的身体视为一个整体,认为人体各个部分都处于相同的年龄阶段,要么是一个月大的婴儿,要么是40岁的壮年,或者90岁的老人。我们永远不会认一个人同时处于3个年龄段。但从某种意义上来说,我们身体各部位处于不同的年龄是有可能的,例如,指甲细胞可能一个月大,心脏细胞40岁,眼细胞则已经90岁。

针叶树在树顶长出幼叶,树干下方或侧枝则是成叶。树上最年轻的部分离树干最远,在每根树枝的末端,顶部的树梢是树最年轻的部分。随着我们的目光向下扫描,时光倒流,底部是树最年长的部分。

有时你会看到幼叶靠近树干,成熟的叶子反而靠近树冠边缘。这既反映了这些叶子的年龄,也表明了树冠边缘的生活条件更加严酷,从而触发了这种变化。无论母树有多老,修剪枝条都会使其萌发幼叶，而非长出成叶。*

在强光下闪闪发光

树叶不同的形状、模式和颜色都反映了它们生长的微观世界。在环境相似的地区，我们可能会看到同样的生长趋势。

我在西班牙南部、希腊和澳大利亚漫步的过程中观察过许多不同的树种。它们大多生长在强烈的阳光下，乍一看似乎没有共同之处，而一旦我们注意到它们相似的地方，就很难再忽略。

油橄榄和桉树虽然原产于不同的地区，但都能在炎热的地区茁壮成长。油橄榄在南欧炎热干燥的气候中长势良好，桉树在澳大利亚炎热干燥的地区占主导地位。这两个树种已经进化到可以应对不同半球的高温和光照。尽管它们有许多不同的特征，但它们的叶子都带有银色，这种颜色可以反射一部分太阳光，使它们能在炎热的家园更好地生活。

---

* 这种效应不仅在树木上，甚至在低等植物中也能看到。比如我每天所见的普通攀缘植物——英国常春藤。这种植物让我对植物学有了更深的了解。常春藤的幼叶边缘分裂，有许多尖端，但它的成熟叶片只有一个尖端，两者看起来截然不同。在带领其他人徒步的时候，我会利用这个特点来玩个小把戏。我会趁别人不注意，从攀附在树干上的常春藤上摘下一片幼叶和一片成熟叶，向人展示这两片叶子："你能分辨出这些叶子吗？"有些人能够辨认出来，但通常对方会有点迷惑，指着颜色较深、多裂片的幼叶说："这是常春藤，但另一个就不太确定了。"

深浅不一的绿色

或许你已经注意到,许多树叶正面和背面的色调甚至颜色都不一样。大部分树木都是这样,尤其是阔叶树,刮风的时候会更明显。银白杨叶色嫩绿,但叶背有白色绒毛,因而得名"银白杨"。(银白杨的叶子还有深深的裂片,它原生于摩洛哥等气候炎热干燥的地区,这一点并不令人惊讶。)

叶子正反两面的功能不同。正面是光合作用的场所,大部分光线直射叶子的正面,叶绿素大都集中于此;背面主要进行气体交换,所以和正面长得不一样。

绿色通常与叶绿素相关,但叶绿素之间也存在差异。更准确地说,是叶绿素有不同的类型,颜色由浅到深各不相同。每片叶子的叶绿素类型会根据其作用的不同发生变化。适应较低光照水平的叶子和较老的叶子有更多深色的叶绿素。这就是为什么阴生叶比阳生叶的颜色更深,夏天叶子的颜色比春天的更深。

神秘莫测的蓝色

工作所需,我常在路上奔波,我习惯在途中预留一点时间,来进行一场小小的探索之旅。得益于这个小习惯,我发现了"蓝树指南针"。

有一年11月,我到苏格兰加洛韦办事。返程时我没有选择直达路线，而是穿过格伦肯斯地区，那里有一些我尚未踏足的山脉。旅途中这些短时挑战往往简单随意，说走就走。我把车停好，准备到山上进行一次自然导航挑战，在大自然的指引下，再次回到自己停车的地方。

我在出发前确定了方向。这时，一棵云杉身上的蓝色吸引了我的注意。大家可能都曾注意到针叶树表面覆盖着淡蓝色的光泽，同时还能闻到针叶树宜人的气味。针叶树的蓝色通常是蓝绿色，但这棵云杉却引人注目，它并不是蓝绿色，而是更接近于蓝色。

我停下来欣赏这棵树，绕着它走了一圈。这棵树位于一片针叶树种植园的南端，刚迈出几步，我就发现它看起来不那么蓝了。一开始，我认为这可能是光线变化的缘故，光线的角度会对我们看见的色彩产生重大影响。但有一种真正的蓝色，只是在最南端的树木的南侧边缘才有，它并不受阳光的影响。

我当时并不知道那种蓝色是由蜡质引起的。针叶上有一层蜡质，保护它们免受紫外线的伤害。在阳光充足的南侧，针叶上的蜡层更厚，这意味着树身的南侧更蓝。有了这个小发现，我喜欢上了寻找"蓝树指南针"。路途中这些出人意外、让人喜悦的发现，总会让人觉得不虚此行。*

变黄的树叶

秋天来临时，树木开始分解回收树叶中的叶绿素，它们不敢浪费如此宝贵的资源。每年秋天，我们在叶片上看到的黄色、橙色和棕色都是叶子失去叶绿素之后的颜色。

如果你看到叶子在秋天之前就变黄了，这表明它们缺乏营养。变黄的正式名称是"萎黄"，意味着树木缺乏一种或多种关键营养物质，比如氮或镁。一般情况下，野外的树木很少出现这种情况，只有那些生长在贫瘠或过度垦殖的土地上的树的叶子才会萎黄。

萎黄是一种负面象征，表明树木缺乏制造叶绿素所需的成分。也就是说，我们之所以看到黄色，实际上是因为我们没有看到绿色，这有助于我们理解树木出现黄色树叶、橘色树叶的成因。因此，不要过分关注黄色或橘色是怎么生成的，而应该思考绿色去了哪里，是什么原因导致的。这样才能更快找到答案。

---

* 发现一个特征后，紧接着同类特征就会纷纷显现，这是极为奇妙的现象。从苏格兰回来后的几周里，我每天都会注意针叶树颜色的变化，时常能看到那一抹蓝色，而那些多年来我未曾细致观察过的其他色彩，也忽然间再次跃入眼帘。某些沐浴在阳光下的针叶树，特别是它们朝南的一面，会呈现出一种健康的金黄色。这是一种迷人的遗传特征，深受园艺师们的偏爱，因此你在园林树木中常能见到这种颜色也就不足为奇了。

第九章｜多变的树叶　179

水分、pH 值和外部干扰，都对叶片的颜色有影响。从潮湿的低地到干燥的高地，从原始的荒野到繁忙的森林，我们将看到不同景观颜色的变化。叶片颜色的变化使我们在俯视森林时，总会看到同一树种内部存在颜色深浅的波动。

有时候，土壤激增的酸度会让树叶呈现出鲜明的色彩。酸性土壤养分匮乏，但土地的 pH 值并不是恒定不变的。从山坡上俯瞰时，我会留心观察这种现象，这些地方常常会伴随有水分、生态扰动和 pH 值的剧烈变化，尤其是矿厂附近。在人类活动最频繁的地区，通常可以观察到树叶色彩的变化。

有些树的情况正好相反，更适应酸性土壤，如果碱性太强，反倒会使它们流失珍贵的绿色，尤其是像挪威云杉这样的针叶树。河流和道路会改变水位和土壤的化学性质，因此两旁的树叶很少能一直保持相同的颜色。

影响树叶颜色的变数很多，如果叶子呈现出均匀且丰富的绿色，这通常意味着促进它们茁壮生长的因素刚好处于适宜的范围之内。

独一无二的叶脉

几年前，我出门去散步，脚下的白垩土滑溜溜的，但只要情况允许，我还是尽可能地关注周遭树叶的颜色。我观察到深绿色的阴生叶，还留意到一棵遭遇大风的橡树，它迎风侧的部分叶子因此失去了颜色。

　　树叶的颜色显而易见，最容易被我们捕捉。我在路上遇到了一棵栓皮槭，决定停下来细致观察它的叶子，相信自己能在树叶的颜色中发现意义和价值。几分钟后，我又在一棵小橡树上重复这个练习。但我并没有看出橡树叶片的颜色有什么特别之处。整棵橡树树叶的颜色都差不多，甚至与槭树叶的颜色也很相似。说实话，这让我有点泄气。

　　不过，我又隐约觉得橡树叶和槭树叶的颜色并不相同，可若要让我凭借记忆去判断差异在哪里，那就有难度了。于是，我摘下几片橡树叶，把它与槭树叶进行对比，发现两者颜色虽相似，但叶裂的形状迥然有别，绝不可能混淆。而它们的色调确实存在微妙的难以捕捉的差异。难道是橡树叶更有光泽吗？不，不是这个原因。我突然意识到，它们的叶脉形态完全不同！这个我多年未曾察觉的特征，现在清晰地显现了出来！

　　叶脉是千差万别的，我们却很容易忽略这个细节。槭叶的脉络从叶片基部向外辐射，沿着射线延伸到每个裂片。橡树的叶片有一条明显的主脉，从主脉延伸到每个裂片的支脉都比较模糊，水青冈也是类似情况。这有助于解释我们看到的许多微妙的颜色变化。例如，秋天每片叶子的颜色图案都在不断发生变化，这些图案通常与主脉的图案紧密相关。我们看到的不是叶片上随机分布的黄色或橙色斑块，而是这些颜色均匀地分布在主脉的周围。叶脉相当于一张划分叶片颜色的地图。

掌握了解析树叶地图上不同颜色分布的技巧后，我所看到的颜色不再是模糊的一团。这就像我们俯瞰一张大城市的航拍图，一切看起来都很相似，突然，我们认出了自己熟悉的街区，那种模糊的整体感觉消失了，取而代之的是细节的凸显。大脑很喜欢这种发现的过程。叶脉的图案一旦显现出来，就再也无法被忽视了。

叶脉是独一无二的，也是每棵树独特的标记。如今，我仅根据叶脉就能够识别出树种。好几次我在地上看到枯败的碎叶，立刻认出它们是山茱萸，这要感谢山茱萸那独特的"平行弯曲"的叶脉，即便叶片的形状和颜色都磨损不清，依然能依靠叶脉辨认出来。总有一天，你也能快速辨别叶脉的特征，你也会惊奇地发现自己对叶脉的熟悉程度超过了对自己掌纹的了解。

叶脉的形状千姿百态，我们遇到的不可能都是清晰、醒目的形态，偶尔也会有一些奇特的表现。比如核桃树的叶脉，它的支脉从主脉强劲地往外延伸，似乎坚决地朝着叶片边缘前进，但在最后一刻它们却放弃了，朝着远离叶缘的方向卷曲起来。

最让我感到不可思议的是，我明明已经观察了橡树叶和槭树叶成千上万次，却没注意到它们的叶脉结构存在如此一目了然的差异。现在，这一区别如同黄昏中的闪电一般醒目。这再次提醒我们，放慢脚步，仔细观察，那些曾经隐形的细节就会变得显而易见。

树叶上的白线

有些针叶树的叶子上有白线，有些则没有。包括花旗松、欧洲冷杉和大冷杉在内的一些针叶树，它们的叶子背面有两条平行的白线，但大部分云杉都没有。注意到这些现象，非常值得欣喜！但我们还要继续追问，这些白线为何产生？是不是只是叶子背面才有？树叶的颜色能否用于自然导航？

1. 叶子背面的白线

叶子背面的白线是由气孔开放造成的。气孔是叶子用于气体交换的小开口。这些孔对叶子来说是必要的，但也是叶子的弱点。叶子不能密闭，它们必须交换气体并进行光合作用，但每一个开口又会给水分逃逸的机会，水是树木必须小心保护的资源之一。因此，大多数叶子主要在背面进行气体交换，这个区域光合作用并不是最重要的，而且也不容易损失热量和水分。这些气孔太小，肉眼不容易发现，但可以用放大镜观看。有些树种在小孔周围还有一层白色蜡质保护层。

2. 叶子正面的白线

知道白线是什么，十分令人欣喜。如果我们继续深思，事情会变得更加有趣。为什么一些树种的正面也有白线呢？还记得前面提到的"蓝树指南针"吗？这种现象与阳光照射和蜡质保护层有关，叶片正面的白线成因也与此相同。有些树叶正面也有气孔，为了保护气孔免受太阳辐射的影响，因而又长出蜡质保护层，于是叶片正面也出现了白线。这种现象多见于在阳光直射下生长的树，因为它们不需要担心光照不足，通过气体交换散热才是它们的当务之急。与此相反，耐阴的树木必须在叶子表面进行光合作用，我们不会在阴生叶的表面看到张开的气孔。

3. 树叶颜色与自然导航

树叶上引人注目的颜色，总有其原因。如果颜色呈现出银色、蓝色或白色，表明阳光这位操盘手就藏在它们身后。你要记住，所有由太阳塑造的景象，都能为我们指引方向。如果你有机会观察单独生长于开阔地带或长于树线上方的针叶树的叶子，你可能会在正面看到白线，因为这两个地理位置是喜阳物种最繁盛的地方。对于自然导航而言，林地边缘叶子正面的这层白霜表明我们正面朝森林的南侧。

树叶的生存之道

如果你感觉到叶子有异常状况，请对那棵树说："我感受到了你的痛苦。"如果叶子比我们预期的更厚实、更坚韧、更黏稠、更多毛或更锋利，我们可以确信它已经为生存付出了很多努力。我们会忍不住多问一句：这棵树此时面临的挑战是什么？

如果你感觉叶子很硬，这表明它们需要忍受炎热或寒冷的恶劣天气。月桂、桉树、油橄榄和冬青栎在它们的家乡都能忍受炎热干燥的季节，它们的叶子给人一种粗糙、坚韧的感觉。大叶在寒冷的冬天是一种负担，因而常绿阔叶树不是很多；少数能越冬的大叶树种都有坚韧的叶子，比如冬青。冬青的叶子可以全年存活，它们与其他叶子的感觉不同，异常浓密。没有多少人会去摸冬青的叶子，因为上面布满了尖刺。

叶子上长刺是为了保护自己免受食草动物的伤害。冬青等许多树种都会做出这种动态响应：叶子上的刺越多，意味着它们越是在努力抵御动物的啃食。这是冬青底部的叶片比顶部更多刺的原因，也是为什么被人为修剪过的冬青树篱异常多刺的原因。

叶刺不同于树枝上的棘刺——棘刺长在嫩枝上——但二者均能抵御动物的侵害。讽刺的是，棘刺或叶刺越多，动物的活动迹象也越明显。大部分长刺的树都很低矮，毕竟在离地面 30 米高的地方，没有防备食草动物的必要。小鸟和其他小型动物知道棘刺和叶刺能阻止敏捷的捕食者，于是这些树的内部空间成了它们的避难所和栖息地。特别是在冬春之际，路过冬青、山楂或黑刺李的时候，很难不注意到小动物们活动的痕迹，哪怕有时仅仅是一只在荆棘中唱着歌、轻盈跳跃的小鸟。在丰收之际，鸟类会啄食这些树的果实，并将种子散播出去，实现鸟类与树木之间的互利共生。"棘刺与叶刺，恰似指向动物世界的指南针。"

不同于坚硬的棘刺或叶刺，较为柔软的绒毛也是一种防御手段。一些低等植物会利用绒毛储存化学物质，例如荨麻绒毛的尖端带有酸性物质。相比之下，许多树叶上的绒毛则显得更加亲和。那些触感异常柔和的叶子，实际上覆盖着一层细腻的刺毛。微小的绒毛能锁住一层薄薄的空气，为叶子提供一道屏障，防止水分通过蒸腾作用流失，从而确保叶片不会过度干燥。这层空气屏障还能有效抵御霜冻侵袭，某些树种的绒毛还能抵挡昆虫的侵害。无论何时，这些绒毛都各司其职，发挥着它们的生态功能。水青冈幼叶上的绒毛清晰可见，但随着叶片的成熟，绒毛会逐渐脱落。

看起来有光泽、摸起来有蜡质的大叶片，在涂了防晒霜的同时还穿着雨衣。防水蜡质层可以保护树叶免受强烈阳光的炙烤和大雨的侵袭，这在热带雨林中很常见。这些叶子的末端通常有一个明显的尖端，表面的蜡质会将大雨引导到这个尖端，让雨水尽快从叶子上滑落。一般来说，叶尖越尖，该地区的降雨量就越大。

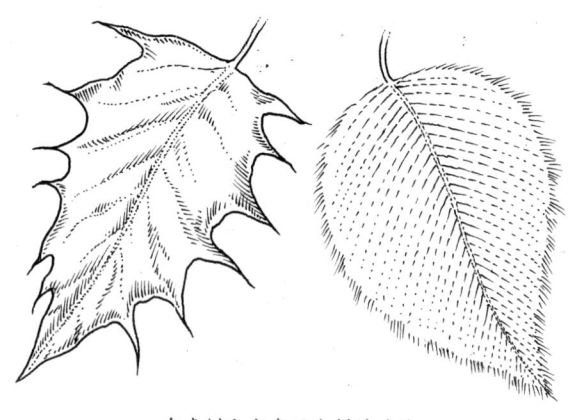

冬青树和水青冈多刺的叶片

在触摸和观察树叶的时候，请你注意叶片的正反面在视觉和触觉上的显著差异，这将揭示它们对环境所做出的不同反应。叶子正面的蜡质更多，因为更需要避免有害射线的伤害；背面通常有更多绒毛，因为更需要保持水分，防止干燥。银白杨树叶的背面也有一层绒毛，非常明亮。

触摸树叶的最后一个建议，是让你的双脚也参与进来。我不是说你必须赤脚行走，尽管这么做肯定很有趣。无论在城市还是乡村，当我感觉脚踩着落叶在打滑的时候，我就会寻找槭树，槭树往往就在那里。因为槭树的叶子腐烂之后，会形成一层滑腻腻的物质。在树林里，如果脚下的土壤突然变得松软而富有弹性，就是在提醒我要抬头看看落叶松，它们脱落的针叶让土地绵软如毯。在那些美好而悠长的日子里，当你的眼睛在头顶的枝丫之间漫游，脚下却不经意间感受到松果的存在。云杉的球果在脚下安静而柔软，松树的球果则发出清脆的嘎吱声。

叶柄的奥秘

你是否曾在路过小吃摊的时候，觉得自己能够抵抗诱惑，毫不动心；但当闻到空气中飘来的香味时，还是被美食给吸引了。我没有这样的经历，但我听说这一幕经常在法国布列塔尼南部卖可丽饼的摊位附近上演。

果树需要吸引昆虫授粉，还要与其他靠虫媒传粉的植物竞争。开花时，授粉时间紧迫，植物们为此展开了激烈的竞争。花朵是很有吸引力的路标，但它们并不总是能吸引来昆虫。为此，许多果树和坚果树都长有蜜腺，在叶子底部的膨大处，分泌出昆虫无法抗拒的、甜蜜且能量丰富的糖液。

我喜欢在樱桃树、李树、杏树和桃树的叶子上观察这些突起的蜜腺。每次我都会想象蜜蜂试图飞越树上的花朵，但它们的意志却被"可丽饼"（蜜腺）给击溃了。

你可能会注意到，树叶底部的叶柄也各有特点。它们的颜色各不相同，有些还带着独特的红色，尤其是在年轻的时候，形状的变化也比我们想象的要大得多。大多数茎秆的横截面大致是圆形，如果与此不符便都值得思考和探究。扁平而非圆形的茎经过了进化，使叶片有更大的灵活性。

所有的叶子都在微风中摇曳，但灵活程度因树种而异。生长在明亮开阔地带的树叶更喜欢随风摆动。桦树等先锋树的叶子快速摆动，而月桂等耐阴树的树叶更稳定。针叶树也存在这种现象，松树和落叶松喜欢阳光，它们的针叶会随风摇曳。红豆杉和铁杉能应付浓密的树荫，它们的叶子只有在大风中才会摆动。

喜光的杨柳科植物，都有超级灵活的叶片，尤其是杨树，它们的树叶是该树种的标志性特征。自然文学创作者报名参加写作课程，课程中他们不得不在电子黑板上反复书写"震颤的杨树""摇曳的杨树"与"飘舞的杨树"。随后，他们被关进一间提供《罗氏同义词词典》的房间，任务是找到避免使用这些俗套表述的解决方案，之后才能重获自由。当他们走出来的时候，对于杨树的描写，可能成了使他们焦虑不安、激动不已乃至神经质的存在，这对现实世界的认知并无实质性的推动。我似乎离题了。那些在微风中翩翩起舞的树种，演化出了让整棵树的叶子都能迎风而立、共享阳光的策略，而这正是扁平叶柄的奥秘所在。

你是否注意到，尽管建筑物大量使用钢梁，但钢梁的横截面很少是圆形或实心的。你会看到 H 型、I 型、L 型、T 型和 U 型截面的钢梁，但几乎不会看到圆形截面的钢梁，这不是因为后者的强度太弱，而是因为它们太重了。

工程师明白，某些形状能为建筑提供所需的强度，同时避免不必要的重量。无论建造什么，都不需要为所有方向提供强度。重力是一种稳定向下的力，工程师们不用考虑重力方向突然反转时，桥梁等建筑物会遇到什么问题。每根钢梁的形状都是根据其将要承受的力来选择的，而不必考虑那些永远不会对其构成威胁的力。实际上，大自然在多年之前就得出了相同的结论，确切地说，是在一亿年之前。

有时，你会注意到 U 形的叶柄。这意味着植物希望既能承载重物，又不用承受额外的重量。这种现象在很多植物和树木中都有不同程度的体现，叶子越大，越容易注意到这一点。如果你见过棕榈科植物掉落的叶片，可能会发现棕榈科植物叶柄上有一个独特的 U 形或 V 形。棕榈科植物叶片落到地面是因为它遭遇了不寻常的力，比如劲风从它难以抵抗的方向吹来。在大黄等小型植物身上，也能观察到这种现象。

更多策略

自然界对树木并不友好，树木在生长过程中需要应对各种因素的影响。为了吸收充足的阳光，应对波动的气温，树叶也需要"制定"不同的策略。

1. 应对阳光

阔叶树和针叶树的叶子能根据太阳的位置调整方向。如果你想要了解叶子应对阳光的策略，可以参考下面这项观察实验。

首先，选择一个天气晴朗的日子，在太阳升起之前，试着观察那些不受风力影响的植物的叶子。请你集中注意力，留意树叶的朝向。当然，你还可以摘下一些叶子作为标本，以便后续实验的开展。不过，摘叶子可是一门艺术，你需要一片在白天会根据光线的变化而变化且不受微风影响的叶子。

其次，在日落之前重复这项实验，你会发现其中的不同。为了更直观地观察到叶子朝向的变化，你也可以再摘几片树叶，并跟早晨摘下的那些作对比。差异就会呈现在你眼前。

我习惯在同一株植物上摘几片叶子，综合观察它们的朝向。我建议你从地上的阔叶植物开始练习，然后观察阔叶树，最后是针叶树。

2. 应对温度

许多植物的叶子能对气温的变化做出反应。热浪翻腾，树叶损失的水分如果超过了自身所能补偿的水分，就会削弱植物支撑叶片的水压，叶子因而下垂。这时候我们就会看到叶片蔫儿了。

3. 应对酸性

杜鹃花*是一种矮小的乔木，很少长到 5 米以上，因此许多人认为它更像是灌木。杜鹃花具有入侵性，一旦在某个区域内扎根，便会不可遏制地扩散开来，甚至会把原生物种挤出自己的领地。杜鹃花种类繁多，但大部分都更喜欢酸性土壤，是酸性土壤的标志性植物。有一次雪后，我去布莱克唐探索，那里有着抗风化能力较强的酸性砂岩。停好车之后，我踩着厚厚的积雪朝山顶进发。杜鹃花的叶子在寒冷的天气中会卷曲下垂，指向地面，这是它们的显著特征。此时山上杜鹃花的叶片便指向地面，像是在迎接我，对我说："此地寒气逼人。"

从整体角度观察

树叶不是孤零零地生长在树枝上。前面我们大都聚焦于单片

---

* 杜鹃花（Rhododendron）的字面意思是"玫瑰树"，rhodo 意为"玫瑰"，dendron 意为"树"。苏塞克斯植物学会在一份时事通讯中将其描述为"野兽"。

叶子，知道了树叶颜色的变化、叶脉形状的差异等信息，现在是时候从整体的角度来观察树叶了！下面我以针叶树为例，谈一谈我个人的观察经验。

首先，树叶能够告诉我们周围动植物的信息。仔细观察，你会发现柏树的叶片像一张网，能捕捉自然界中各种各样的事物。根据季节和天气的不同，你可能会看到枯叶、羽毛、粪便、灰尘、昆虫、蛛丝、花粉等等。我多次在深绿色的柏叶丛中看到羽毛，这提醒我要寻找鸟巢。

其次，树叶整体的外观能够反映树木的形态。通过观察这张网（即树叶的外部轮廓），你很快就会发现树形随地形的变化而变化。树林里低矮的红豆杉的叶子更易于观察，开阔地带的松树则因其较高的树冠而难以近距离观察。众所周知，树形反映了当地的景观，松树喜欢开阔、阳光明媚的地方，很少有低矮的树枝；红豆杉则在阴凉处茁壮成长，有很多低矮的树枝。

第十章

树皮之书

我曾有幸在画廊里看到过梵高的《大梧桐树》[1],这是我特别渴望近距离欣赏的作品。这幅画本身可能不会让人特别去关注树木,但其中某个细节却引起了我的极大兴趣。

《大梧桐树》实际上有两个版本,梵高于1889年首次绘制了这幅画,并将其命名为《大梧桐树》。随后,他绘制了另一个版本,称其为《圣雷米的修路者》。两幅画的轮廓几乎相同,同样的树木、人物和建筑,主要区别在颜色上:他调亮了第二幅画的色调。

梵高以使用鲜艳的色彩而闻名,但在第一幅画中,人物的色调是晦暗的,左下角只剩下一个女人的轮廓,手里拿着一个像篮子的东西。而在第二幅画中,悬铃木的用色变得非常鲜艳,树叶是耀眼的金黄色。不过,我发现梵高绘制的树皮更引人注目,它

---

[1] 梵高实际上画的是悬铃木,不是中国的梧桐。人们通称的法国梧桐等基本都是悬铃木。——编者注

在画面中凸显了出来！

悬铃木的树皮非常特殊，颜色也不同寻常。有人称其为"军事伪装"，也有人觉得像是"蛰伏的猎豹"。树皮的特征很容易被我们忽略，就连对色彩异常敏感的梵高也不例外。当然，我们也不用过于担心，虽然不是每个人都拥有梵高的色彩天赋，但我们有自己的优势。我们目标明确，就是要观察树皮，了解各种现象背后的成因和意义，毕竟世界上没有两棵树长着一模一样的树皮。

树皮的薄厚

树皮有许多种颜色和纹理：棕色、灰色、橄榄色、铁锈色、红色、白色、银色、黑色，光滑、纸质、粗糙、条纹、黏稠、褶皱、卷曲、剥落、溃烂……我们将从最显著的差异和最明显的迹象说起。

本小节将关注树皮是薄是厚，是粗糙还是光滑的问题。首先，第一个问题：如何判断树皮的厚度？这得分两种情况。如果树皮有破裂或严重损伤，厚度就很容易测量。如果想要知道健康树干的树皮厚度，只能通过观察其纹理来推测：粗糙意味着厚实，光滑意味着纤薄。当然，根据这个方法得到的结果并非万无一失，但大部分情况下都很有参考价值。

知道如何判断树皮的薄厚，我们还得追问：是什么因素影响了树皮的厚度？

1. 生态位

水青冈的树皮光滑而纤薄，成熟垂枝桦的树皮则粗糙扭曲，两棵树的目标都是将叶子托举到阳光下，为什么树皮会有这样的差异呢？这得说回生态位，水青冈预计会和其他数百棵水青冈一起生活在茂密的林地里，这是一个阴凉、安全的环境。桦树则必须做好独自生长的准备，它们直面大自然，还要应对各种动物的侵扰。简言之，为了适应树荫，树皮会进化得更纤薄；而先锋树以及其他独生或丛生的树，树皮往往会更厚实。我屋外有一棵欧洲甜樱桃，它长在林地边缘，拥有非常坚韧的树皮。粗糙的皮肤是树抵御日晒风吹、雨淋雪打的铠甲。

2. 生长速度

生长速度的不同，也是导致树皮形态各不相同的因素。光滑的树皮是树木缓慢生长的标志，因为它有时间填补树皮上的空隙，而粗糙的树皮则是树木迅速生长的标志——它们长得太快，撑破了自己的外衣。

3. 光照条件

如果你在旷野上行走，更有可能看到粗糙的树皮。我在自家附近的树林里既能看到水青冈、鹅耳枥和冬青光滑的皮肤，也能看到柳树、杨树、山楂树、黑刺李、桦树、落叶松和接骨木的粗糙纹理。

以针叶树为例。针叶树的树皮都有点粗糙，因为松树喜欢晒太阳。当然，凡事无绝对，在树林深处，你可能会发现树皮相对光滑的云杉。红豆杉在树荫下茁壮成长，年纪轻轻，树皮就很粗糙，相较之下，老年人的皱纹根本不值一提。

到这里，我们要继续追问：薄厚不一的树皮，能起什么作用？

4. 薄树皮：树木的备用电池

有些树种的树皮很薄，薄皮可以吸收一部分照射到树身上的阳光。如果你在薄薄的树皮上，尤其是年轻的树皮上发现了绿色，这表明树皮也在进行光合作用。这在年轻的榉木中很常见。我喜欢把这个场景看作是进化对团队合作的考验。争吵的团队注定失败，合作的团队才能获胜。也许在数百万年前，有两棵不同品种的树在背阴的地方竞争，挣扎着生存。两棵小树的叶子都对树皮说："兄弟，你能一起进行光合作用吗？不需要很久，等我们长高了，你就可以专心保护树干和树枝了。"

其中一棵树的树皮说："光合作用与我无关！"这种不合作的树注定灭绝。

另一棵树的树皮说："没问题。我这就脱下厚重的树皮铠甲，换上纤薄的绿色外衣，希望能帮上忙。如果我们都活不了，保护树干也没有意义。"

这就是我们今天在背阴处看到的树种。

5. 厚树皮：树木的金盔银铠

与纤薄的树皮相反，有些树种进化出了非常厚实的树皮，以保护自己免受森林火灾的破坏，你可以在西班牙栓皮栎等树种身上看到这种厚重的铠甲。尽管树木面临的情况各不相同，但更厚的树皮都意味着它们正在寻求更好的保护，以抵御阳光、风或火灾的伤害。

树木的工作服

现在我们来看看树皮的颜色。树皮有数百种颜色，但大部分倾向于棕色，间杂灰色、绿色或黑色。我们无需对每一种色调都详加关注，只需留意那些特例。如果树皮的颜色异常醒目，打破常规，那么就有必要停下来，像历史学家那样提出问题："这种'反叛'试图解决什么问题？"换言之，这种独特性有可能是树木为了适应某种特定环境而进化出来的策略。

1. 白色工作服

垂枝桦树皮就是一个明显的例子，树皮是明亮的白色，能很好地反射光线，保护树木免受阳光的照射。这是解决先锋树所面临的问题的好办法。

2. 斑驳的工作服

《大梧桐树》的第二个版本反映出梵高从悬铃木树皮上捕捉

到了斑驳的马赛克效果。悬铃木有大片脱落树皮的习惯，这使它们比大部分树种更能忍受污染，这也解释了为什么我们在世界各地的城市里都能看到它们。从进化的角度来看，污染是最近产生的问题，悬铃木可能是在我们祖先刀耕火种的时代，第一种经历大火仍能茁壮成长的树。

3. 紫红色工作服

红色或紫色的树皮，尤其是树皮还富有光泽，这是新生长的标志，这就引出了树皮的时间问题。我将在下一小节详细介绍。

树皮的新陈代谢

高大的老树和低矮的小树的树皮大不同，同一棵树不同高度的树皮之间的差异，比我们想象的要大得多。树皮并非长出来之后就不会发生变化，它也会不停地生长、更换。失去皮肤和更换皮肤，是许多动植物都要面临的挑战。蛇和人类在表皮之下有很多皮层，这些皮层会定期脱落。树木是如何更换树皮的？许多树种的树皮会一片一片慢慢剥落。

1. 树皮反映树龄

树皮会随着树龄的增长发生变化。树身越低的地方越古老，因此，靠近底部的树皮看起来很苍老。大部分树种的树皮特征，会随着树龄的增长而凸显。如果小树的树皮略显粗糙，随着时间的推移，树皮会变得更粗糙；如果有裂缝，裂缝也会变得越来越深。当然，也有一些树的树皮不太受时间影响，比如水青冈，百岁水青冈与 25 年树龄的水青冈的树皮看起来差不多。

2. 生长方式与树皮形态

树木采用的生长策略是在内部组织生长膨胀的同时，保留一部分外层组织，从而形成了我们在树皮上所看到的复杂图案。你会发现树皮上交错的纹理通常是由一系列凸起的菱形构成，有的菱形环绕着一个凹陷，有的则是包围着一个凸起的区域。这是因为新生的内层组织在较老的外层组织下方生长，外层组织无法承受新生组织的挤压而开裂，树皮因此形成凹凸不平的形态。树皮上的菱形纹理中较低的区域，就是老树皮开裂后形成的空隙。

3. 换皮之后的树皮形态

不同树种的新旧树皮在更替过程中，也会呈现出不同的形态。挪威云杉的树皮看起来像干燥的泥土，松树树皮呈现出大块厚实的板状，鹅耳枥的树皮则像是从过于紧身的外衣中爆裂开来。

同一棵树不同高度的树皮也有区别，树干上部比下部更易失去树皮。这导致许多树木顶部很有特色，比如欧洲赤松，成熟植株树顶的树皮脱落得尤为明显，呈现出一种橙色的光泽；相较之下，树干底部的树皮则保留得比较多。欧洲赤松会在夏末脱落大量的树皮，此时太阳位置比仲夏时偏低，使树顶的橙色更加鲜明，引人注目。

4. 树皮形态与自然导航

二球悬铃木南面的树皮更易脱落，导致其南北两侧呈现出截然不同的景象，在城市里我们可以利用这一点来分辨南北。我已目睹过这种现象无数次，但尚不清楚背后的科学原理。最有可能的原因是太阳的照射。当然，还有其他合理的猜测：或许是树木在尝试利用内层的树皮进行光合作用，或许是因为南面有更强烈的日晒、更剧烈的冻融循环，又或许是因为南面生长的藻类和地衣堵塞了树皮，还有可能是这些因素的综合作用。无论是何原因，这些都值得我们留意。

不同类型的树皮

每年夏天，林地都点缀着绿色的树苗。刚破土而出的树木幼苗总是翠绿而柔软，它们的树皮与周围那些参天大树的粗糙外表截然不同。我们通常认为，树皮会随着时间慢慢变化，但很多人未曾想到，这其中还包含着一个巨大的转变。

小树有一层柔软的表皮。到了某个特定时期，这层表皮会被更坚韧、更厚实的周皮所取代，这个时间点因树种而异。周皮内部有活细胞，外部则是死细胞，与我们的皮肤有几分相似。许多树种还会在周皮的缝隙中填充单宁、树脂或树胶来增强其防御能力。

很容易察觉树皮的这种显著变化。假如你用指甲轻刮一棵参天老橡树的树皮，对它来说毫无伤害；但如果你刮的是一棵仅一人高的树，可能会留下严重的伤口。树在幼年阶段特别容易受到伤害，不仅因为树皮薄弱，还因为树皮内侧运输着维持生命的养分。如果幼树被动物或人类剥去身上一整圈树皮（也就是被"环剥"），伤口上方会因缺少营养而枯萎，因为输送营养的通道被切断了。松鼠、鹿、海狸或金属刀具都能迅速剥去这层表皮。

树的周皮，也就是次生皮肤，在幼树的皮下生长，最终会取代表皮。这种生长方式造就了树皮的多样性，主要有四种类型：纤薄的、有线条的、带图案的和斑驳的。导致树皮发生重大变化的有多种原因。让我们从最简单的类型开始了解。

纤薄的树皮　有些树木的表皮可以一直存活，包括许多柑橘类果树、冬青树和桉树。它们的树皮纤薄而脆弱。桉树因其剥落的片状树皮而闻名，柠檬和酸橙的树皮则紧贴树干，看起来更平滑。这类树的树皮通常比较薄，颜色也比其他树皮浅得多。

有线条的树皮　许多树的树皮长有长长的垂直线条，如刺柏属植物以及崖柏属的北美乔柏、北美香柏等等。这些树的周皮环绕着树干形成完整的一圈。

带图案的树皮　这个术语概述了那些具有粗糙质感、有一定规律但不整齐的树皮，包括松树和橡树。一般情况下，树皮上会有部分略微的凸起，大小通常不会超过你的手掌。这是由弯曲的周皮造成的。

斑驳的树皮　悬铃木周皮的形成方式与带图案的树皮相似，但形成的团块或板片非常大。

换皮的时间

看到一种树皮类型时，如果能知道其成因，会让人倍觉愉悦。树木换皮的时间是一个值得留意的点。大部分树木的树皮在10岁前就已更换完毕，但欧洲甜樱桃是个有趣的例外。

几个世纪以来，欧洲甜樱桃的树皮在传统医学中被广泛应用，据说能治疗咳嗽、痛风和关节炎等多种疾病。所有的樱桃树和李树在受到伤害时，会分泌出一种黏稠的树脂，这种树脂极具韧性且富有营养。18世纪的瑞典博物学家弗雷德里克·哈斯勒维斯特讲过一个疑点颇多的故事：曾有100多人被围困在城里2个月，仅靠食用樱桃树的树脂活了下来。

我们能通过树皮，迅速辨认出大部分野生的樱桃树。它们的树皮呈深红色，带有细薄的水平条纹，即皮孔[1]，这些皮孔有助于气体交换。很多树种都有皮孔，它们普遍存在于树皮和果实上，苹果表面那些微小的棕色斑点便是皮孔。不过，欧洲甜樱桃的皮孔更为显著且独特。（为了便于记住这条自然导航线索，你可以

---

[1] 皮孔，是茎与外界交换气体的孔隙。

把樱桃树皮上的水平皮孔线想象成栅栏的横杆，它们将林中的树木围护了起来，因为欧洲甜樱桃多生长于树林边缘地带。）

我与家附近一棵欧洲甜樱桃相识多年，有着深厚的感情。即便如此，它粗糙的树皮也曾令我困惑不已——那棵樱桃树上有些地方是长有皮孔纹的纤薄树皮，但有很大一部分没有皮孔纹，看起来更为粗糙。我以为它病了。后来，我才知道樱桃树、桦树、冷杉、云杉、李树、杏树、油桃和扁桃等树种的换皮时间比较晚，可能要在50多年甚至更久之后才会发生变化。我家附近那棵欧洲甜樱桃的部分树皮已经完成了这一重大转变，其他区域仍保留着条纹纤细的表皮层。现在，我知道这种粗糙的质感是因为次生皮层替代了表皮层，再过10年，次生皮层将占据主导地位，整棵树的外观将变得更加粗糙。

树皮纹理：树木的压力地图

如果树的结构存在异常的移动或应力，我们也能在树皮上找到这些迹象。前文"失踪的树枝"一章提到过的克劳斯·马特塞克博士认为，树皮就像是"树木的压力定位器"，树皮上的裂缝和纹理揭示了树木面临的深层压力。

每当你看到一棵偏离了垂直生长方向的树木，都值得停下来仔细研究它的树皮。想象一下，如果你向右倾斜头部和肩膀，右侧躯干的皮肤会聚集起来，而左侧的皮肤则会拉伸。树木也有类似的经历：如果树干被强风吹弯，树皮便会在下风侧聚集起来，而上风侧则会被拉伸或破裂。这会导致上风侧的树皮出现更大的缝隙，下风侧则出现聚集和皱缩的现象。这种差异在树皮较厚的树上最明显；在树皮较薄的树木上，更可能看到的是皱缩而非伸展，因为纤薄的树皮无法通过宽大的裂隙来向你展示它受到的压力。

树总在通过不断调整来应对新的压力，即便表面上没有发生显著变化。多观察一下，我们就能明白树皮的纹理与树身所承受的应力之间的关系。大树枝与树干交汇的枝领，是极佳的观察位置。

树不会预先计划树枝的大小。树枝一开始都很轻巧，很多树枝还没长粗就会脱落，树身因此不需要支撑巨大的树枝。一根越来越粗壮有力的树枝，会由于重量的增加而逐渐下垂。但在树枝的角度发生变化之前，枝领处的树皮已有端倪。树皮会在下侧聚集，上侧的树皮则可能出现裂缝或缺口。树皮越厚，效果就越明显。

如果连接处发生肿胀，树枝与树干的交汇点围绕着一个粗大的枝领，这可能是树准备切断树枝的迹象。一旦树枝掉落，它就会关闭大门，阻止病原体的潜入。在风暴中意外折断的大树枝，与树故意掉落的大树枝有很大的区别。枝领的肥大表明树枝的掉落是树有意为之。

树皮"焊接术"

仔细观察，你会发现枝领上方有一条有趣的线，它被称为"枝皮脊"。在我看来，它就像一条焊缝，努力地将树枝焊牢在树干上，这是一个恰当的比喻，因为这里是应力集中的地方。不过，也有些树的"焊接"技术不过关，无法形成强有力的黏合，给树枝留下来了隐患。

1. 枝干"焊接"的两种方式

枝皮脊　你能在健康的树上看到这条线，因为树必须长出一种特殊的木材，支撑起树枝。如果支撑不了，枝皮脊就会变宽或开裂。（回想一下"失踪的树枝"里讲到的南侧的眼睛，那是树枝脱落后留下的椭圆形图案。眼睛上方通常有一条深色的"眉毛"，那是枝皮脊留下的遗迹。）

树皮对树皮　如果你在枝干接合处看不到枝皮脊，说明那里根本就没有完全融合，你遇到的可能是"树皮对树皮"的接合，专业名称为"树皮包裹体（bark inclusion）"，这是树的一个严重弱点。此时树枝和树干貌合神离，看似亲密无间，实则内部并未融合，树枝无法得到强有力的支撑。

2. 树皮对树皮的成因及隐患

既然枝皮脊是强有力的焊接技术，为何会出现树皮对树皮的接合模式呢？答案就藏在枝干生长的过程当中。

树皮对树皮的接合在垂直生长的枝条上更为常见。如果一根树枝（我们称之为A）碰到另一根更高的树枝（我们称之为B），B可能是同一棵树上的树枝，也可能是其他树上的。此时，B可以为A提供支撑，A的母树感觉不到A越来越粗壮，因此，它没有生长出支撑A所需的木材（也就是枝皮脊），从而产生了树皮对树皮的接合。

如果一根手指粗细的枝条在另一根树枝上短暂地倚靠了几天，并无大碍，榛子树就经常出现这种情况。但如果小枝有可能逐渐长成主枝，这种接合就存在一定的隐患。如果B由于某种原因断裂，倚靠在其上的A的接合处将不堪重负，很可能也会断裂。这就跟建筑结构上的弱点一样，可能会一直存在，直到遭遇巨大的冲击才会断裂，比如暴风雨的侵袭。

为了更好地理解这一点，我们来做个小游戏。请你双手合十，使两个大拇指的指腹紧紧贴合在一起。此时，一根拇指代表树干，另一根代表大树枝，我们的皮肤则代表树皮。这两根拇指因为外界的压力暂时结合在一起，指腹结合处只有一条黑色的小缝。这就是脆弱的"树皮对树皮"的接合，一旦不再用力挤压，拇指就会各自分开。

伤痕木材

每当树木遭受伤害，一场竞赛就开始了。是树木快速生长出保护层，像贴创可贴一样密封伤口并隔绝氧气，还是入侵者会乘虚而入，侵蚀内部脆弱的组织？一旦真菌或细菌在内部组织建立起据点，树木的伤口将难以愈合，我们往往会看到伤口颜色发生了变化，甚至有液体滴落。这就是"溃疡"，广义上的感染。

大部分病原体只专门针对某一树种，壳囊孢菌却没那么挑剔，柳树、杨树、松树和云杉都是它的受害者。我经常能在树林里看见白色蜡状物从云杉的伤口处滴落。

溃疡就像是人类感染的伤口，有创口，有感染，还有"脓液"，偶尔还伴有强烈的气味，最终都会留下疤痕。这个比喻或许不太恰切，但却令人印象深刻。

如果树木成功地在伤口上覆盖一层新生组织，这种新长出的组织就被称作"伤痕木材"。它像是坚硬而缓慢流动的糖浆，从伤口边缘逐渐覆盖住伤口。伤痕木材不同于树皮或其他皮层组织，受过伤的树会留下长久的疤痕，可长达数十年。

前阵子，我去了一趟得克萨斯州，在参观沃思堡植物园时遇到了职业园艺师斯蒂芬。斯蒂芬向我介绍了一些樱桃树，它们在树干的西南侧留下了严重的垂直状伤疤。我能清楚地看到伤痕木材正从边缘慢慢扩展。很明显，这些树木遭受过某种剧烈伤害，而且这种伤害只出现在一侧。对于自然导航者而言，任何与特定方向相关的自然特征都极具吸引力。于是，我向斯蒂芬询问是什么造成了这样的伤害。

"这是日晒造成的伤害。只在樱桃树的西南侧有。"

我兴奋得跳起来。这是我几十年来一直在关注的现象，它们因常常出现在树木的南侧至西侧而臭名昭著，也被称作"西南面的冬季伤害"。我曾认为这可能成为一种罕见但可靠的指南针，但多年来一直找不到典型的例子。没想到，机缘巧合，在孤星州（得州别称）的植物园里，我又遇到了它们。

当我们惊叹于冬日清晨霜冻反射阳光的美丽画面时，很难想象其中蕴含着怎样的力量。在冻融循环过程中产生的膨胀应力能冻裂石头，也会对所有植物造成严重伤害。得州以干燥炎热闻名，但昼夜之间却有巨大的温差。我去的时候正值3月，温暖的南风一夜之间转为北风，气温骤降了近20度。如果夜间气温降至冰点以下，第二天树木又在阳光下迅速升温，这可能会杀死树皮下娇嫩的组织。午后的气温远比早晨暖和，此时太阳正处于西南方向，这是伤口和疤痕出现在西南侧的原因。树木在伤口上长出伤痕木材，这正是我们在植物园中所见到的景象。樱桃树特别容易受到日灼，因为它们拥有吸收阳光的深色树皮，表皮也比其他树种纤薄。（有一种树皮疤痕很容易与日灼伤混淆。当一棵树被砍倒时，可能会在倒下的过程中撞到旁边的树，对其造成伤害。这会导致受伤的树的一侧出现一道垂直的伤痕线。这种情况经常出现在开展作业的林地中，当你注意到作业车辆的轨迹穿过树林时，可以抬头察看树皮的情况。这类疤痕提供了树木间相互作用以及林地管理活动的历史记录，对于理解森林生态及管理实践的影响颇有启示意义。）

树皮上的肿块和凸起

我有位小有名气的朋友曾与我分享她是如何避免过度担心自己的外貌的。如果我们在出门前盯着镜子看，可能会注意到瑕疵，并想象别人也会看到这些瑕疵。我这位朋友学会了使用商店橱窗而不是镜子来检查自己的仪态。"这种模糊且没有细节的影像，才是其他人所见到的。很少有人会真正注意到我们。"

我们无需为树木的虚荣心担忧。当我们花时间仔细观察树皮，会发现它们也有诸多不完美之处。没有哪棵树的树皮是完美无瑕的，如果真有反倒会显得很奇怪。我们经常会在树干上看到一些不完美的肿块和隆起。

如果你看到树干上有一个光滑的圆形突起，看上去树皮还覆盖在上面，那么，你看到的就是一个球状瘤。它们大小不一，小的像李子那么小，大的可能会超过树木的直径。我还曾见过一个大得像汽车那么大的球状瘤。球状瘤是这种生长现象的正式名称，但千万不要被这个名字误导，以为树木科学家已经完全了解了球状瘤内部发生了什么——其实并没有。我们知道，树皮下有苞芽，当激素指示它们生长的时候，它们就会开始发育。我们也知道，树木会长出木材来应对伤害。有时这个过程按计划进行，有时则不然。树皮上的这些圆形肿块表明，这一过程可能偏离了正常轨道。幸好，这些肿块即使很大，也不代表树木有重大疾病或弱点。就像疣一样，它们通常只是影响美观，而不是意味着严重的健康问题。

如果你看到的是一个粗糙的肿块，表面崎岖不平，与周围的树皮截然不同，那它就是一个树瘤。树瘤是一种特殊的球状瘤。关于它的科学研究仍在进行之中。这些粗糙的肿块通常是由于伤害、病毒或真菌触发了苞芽的过度反应，导致树木长出硕大而粗糙的突起。

识别健康的树皮比精确地诊断问题要容易得多，即使对专家来说也是如此。这让我想起了《安娜·卡列尼娜》开头那句著名的话："幸福的家庭都是相似的，不幸的家庭各有各的不幸。"树皮可以成为成千上万种生物的栖息地，包括苔藓、地衣和其他附生植物。大多数"客人"对树木的伤害都不大，但有些客人的到访是树木出现问题的信号。

树木可以和真菌在地下形成合作关系，但在土壤上方，每棵树都容易受到特定病原体的攻击。一般来说，苔藓和地衣对树木的伤害比较小，真菌感染就比较严重。生长在根系上的真菌可能与树是健康的共生关系，但生长在树皮上的真菌就是另一回事了。没有哪棵树愿意让真菌寄生在树干上，如果你在树干上看到了真菌，这意味着树木正在遭受攻击或已经死亡。我经常在桦树上看到多孔菌，它们通常从大约 6 米高的树干上冒出来，然后又突然停止，这意味着这棵树遇到了麻烦或已经死亡。有一类腐生真菌，它们只在枯木上生长，不会影响健康的树木。但无论如何，从树皮上长出真菌都是树木不健康的表现。

动物故事

有两个地方的树皮经常脱落，一个是树干底部，另一个是树枝与主干的交汇处。这是动物啃食造成的。动物会吃树皮，尤其是幼树的树皮，啃食后留下的疤痕可持续数十年。老鼠、田鼠、兔子和鹿都吃树皮。松鼠啃树皮不仅是为了获取食物，还是在向对手宣示主权。如果你看到树枝交界处的树皮剥落，罪魁祸首很可能是松鼠，它们会以树枝为支撑，一边啃食，一边紧紧抓住交界处附近的树皮。

鹿不会爬树，它们的破坏行为一般出现在树干底部，但通常比我们想象的要高一些。我曾在英格兰森林公园的橡树上看到数百条垂直的短线条，一直延伸到头顶。这是饥饿的小鹿的杰作，它们把前腿搭在树干上，以便够到更高的树皮。

树皮的脱落对树木来说是一场灾难，但对我们来说却是一个难得的观察机会。有时你会看到树皮露出内层的一些小疙瘩，那是潜伏在树皮下的休眠芽，它们在静静地等待化学信号的指示，以便随时开启生长模式。不幸的是，树皮的剥落意味着这些休眠芽也无法存活。

扭曲

弯曲或倾斜 当你发现一棵弯曲或倾斜的树，不要忘记仔细观察它的表面。弯曲的树干会导致树干上下两侧的湿度发生巨大变化，而苔藓和地衣对湿度都非常敏感。雨后，上侧树木保持湿润的时间更长，这为苔藓提供了良好的生长环境，也培育了与树干下侧不同的地衣种类。

扭曲 扭曲与弯曲、倾斜不是一回事。有些树干看起来很扭曲，树皮上有螺旋图案。这主要是受遗传和环境的影响。欧洲栗等一些树种特别喜欢拧着长。我有个好朋友家门前长着一株高大的欧洲栗，仅仅是看着它螺旋的树皮就让我感到眩晕。还有一些树是因外力作用而扭曲。比如生长在林地边缘的树，外侧遭受到风力的冲击，又或者刚刚失去了一个"邻居"。如果树木遭受扭力的影响，它的树干可能会扭曲，我们很容易在平滑的树皮上观察到这种效应。

开路先锋

开辟新路是一种古老的做法，也是一个具有新含义的词语。如今，如果说某人在开辟新路，通常指他们在新领域中快速前行。这是一个流行的比喻，但对原始含义有所曲解。"开辟新路"意味着要把路线标记出来，方便原路返回或帮助他人跟随。我曾和达雅克部落的人一起穿越婆罗洲中部，沿途他们会用长刀在树上砍削。在许多国家，这是破坏公物的行为，但对达雅克人来说，这只是一种谨慎地标记路线的方式。许多民间故事里都有类似的行为，因为这种做法简单、有效，每个人都可以跟着标记前进。

如果你看到树身上有不自然的痕迹，如树皮上明显的、非自然形成的明亮线条和色块，那是人为标记，一种现代的路标。人类在树上做标记主要有两个原因：一个是指路，一个是砍伐。如果有跑步、自行车或其他比赛项目穿过树林，组织者往往会用油漆在树上标识路线。现在流行一种更环保的方法，即在岔路口用面粉绘制箭头为参赛者指示方向。这种方法让人联想起格林童话里《亨塞尔与格莱特》的故事，虽然标记都是临时的，但撒面粉总比撒面包屑要好得多。

另一个原因对树木来说就不是什么好消息了。林业工人会用标记传递信息，每个标记都代表着要对树木采取的相应措施。例如，负责人会巡查其所管辖的林区，找出病弱或存在安全隐患的树木，然后用醒目的油漆把它们标记出来。这几乎是一种死亡标记，后面的团队会将它们砍倒。这些标记有不同的颜色，有的颜色代表整棵树要被砍伐，有的只是需要去除存在隐患的树枝。破解这些密码也别有一番乐趣。

最后，还有一种树皮纹路值得我们注意，它需要从倒下的树枝或树干上寻找。如果你在地上看见倒下的枝干，可以试着找找是否有动物跨越时留下的痕迹。当动物经过树枝或原木时，它们的脚会刮擦树皮。动物的行为是无意识的，一旦某个地方被跨过一次，很可能之后还会发生无数次。你可以在穿过树林的人行道上寻找这种现象，注意地上那些未被清理的枝干，看看人和狗跨过的地方留下的磨损痕迹。那部分树皮很快就会被磨损掉。一旦你注意到了这种现象，你就能发现小鹿或其他动物的通行路径。林中的动物们在树皮上留下的痕迹，为我们开辟出一条可供追踪的小径。

第十一章

隐藏的季节

冬天的树都光秃秃的。叶子春生夏长，秋天凋落，周而复始，循序渐进。

大约 5 年前，我和经纪人还有出版商共进午餐。我们在阳光下一边小酌，一边俯瞰远处泰晤士河上行驶的船只。旁边一群精力充沛的年轻出版人正热议新书的推广策略，兴奋得手舞足蹈。有那么几秒钟，我觉得自己更像拜伦，而不是流浪汉，我想靠在栏杆上对路人大声疾呼，但幸好我抵御住了诱惑，没这么做。

在无路可通的林中，自有一番情趣，
在寂静冷清的海边，自有一种喜悦，
汪洋浩瀚旁，自有无人干扰的欢聚，
那狂涛怒吼，构成一曲美妙的音乐。

我对人类之爱不减，可我更爱自然。[1]

  我们3人这次碰面，是为了探讨你眼前所看到的这本书的构想。寒暄了10分钟后，我把椅子往前一推，提出了自己的想法："树每年会经历6个季节：光杆季、萌芽季、生长季、开花季、挂果季、落叶季。"出版商面露难色："我不太确定。一旦你打破了传统的季节划分，不就意味着一年可以被无限划分吗？什么时候是个头啊？"

  我对他的反应感到惊讶，也有点失望。但他说得有道理。日本有一个传统，每年有72个微季节。如果真要按照这个逻辑来写这本书，可能会没完没了。我们讨论了许久，散会的时候虽未定下具体计划，但都兴致高涨，意犹未尽。我喜欢这个主题以及它背后的想法。

  更重要的是，我意识到，仅从四季出发会忽略树木许多的关键变化，这激发了我撰写这本书的热情。如果你向自然发出邀约，许多季节就会应邀而至，尽管没有72个，但足以让一年只有四季的想法显得很幼稚。发现这些变化的关键是关注传统四季更替的信号，我们将先于其他人知道春天的到来。

---

[1] 译文引自田乃钊编译的《英美名诗一百首赏析》，天津人民出版社1993年版，第154页。

春天的粉红和浅绿

每年春天，我都在寻找一个特殊的季节性时刻。今年风和日丽，是我记忆中最好的一年。我漫步于一条宽阔的林间小径，忽见一阵细小的粉色物体随风而至，自头顶纷纷飘落。阳光穿透树梢的缝隙，照耀着这些缓缓降落的彩色碎片。

树木计划得很长远。尽管初春的气温还很低，日照的强度远不及夏季，但树木必须此时就开始卖力生长，别无选择。为了满足生长所需，它们在前一年就把一部分能量打包储存起来，为来年做好准备。这些包裹就是来年的新芽。

生长季即将结束的时候，落叶树就开始孕育苞芽，为来年春天的再次生长做好准备。苞芽包含新芽、叶子或花朵生长发育所需的一切，这些储存的能量能使它们迸发出旺盛的生命力。我们可以把它们看作是种子、电池和计划的综合体。苞芽会受到前一个生长季的强烈影响。因此，长势良好的花朵或果实，不仅反映了当下这个季节的情况，也透露出前一个生长季的信息。

落叶树的芽被鳞片保护着，很多芽是粉红或淡红色的。在人们注意到叶子之前，苞芽已经膨胀，并为树木轻轻笼上一重粉色或红色。从一月份开始，每周观察一次光秃秃的树，看看树上颜色的变化，能让你在叶子萌发之前就留意到它们被粉色鳞片覆盖的情形。更靠近枝条一点，你会看到单独的芽。每个树种的芽形和颜色都独一无二（芽可以帮助识别树种），有些树种比其他的树更红一些。我家附近水青冈的芽呈现出粉红色,你周围应该也有类似的树。叶子萌发的时候,包裹苞芽的鳞片会脱落。于是,初春的叶子萌生之前,会下一场"干雨"——粉色、红色和棕色的"雨滴"纷纷落地。"雨"后不久,树就长出了新叶。

春天还有一些容易错过的颜色,非常值得一看。花青素有助于保护幼叶免遭直射光的伤害。在花青素的作用下,一些嫩叶也带有粉色或红色,最常见于树木和其他植物(如荆棘)南侧的叶子上。我喜欢把它们看作是给孩子涂防晒霜的植物。

当然,大部分树叶都不是粉色而是绿色的。初春时节,叶子的颜色比仲夏时节要浅。随着季节的推移,落叶往往开始变得苍白而黯淡,尤其是它们的正面。许多人忽略了这一点,因为他们只专注于秋天来临时叶子逐渐变黄的过程。正因如此,我乐于在8月底用心捕捉那些深绿色叶子的变化。(虽然在照片中也能轻易辨识出这些变化,但却无法与亲身体验的满足感相比。)

早春的叶色为何比较浅?我听过很多种观点,最令人信服的解释是,早春时期的树叶比较稚嫩,树木不喜欢因为贪婪的动物而失去太多叶绿素,因此在叶子成熟并得到更好的保护之前,树木不会对它们进行充分投资。

冬去春来之际,留意"粉红和浅绿"的迹象;夏末初秋时节,寻找树叶变深的迹象。很快你就会发现,分明的四季之中隐藏着微妙的季节变换。

不是所有的树都在秋天落叶

针叶树在某些地区占主导地位，另一些地区则由阔叶树占主导。常绿和落叶，是一个重要的观察角度。俯瞰威斯康星州，克兰登地区占主导的是黑云杉和落叶松等树种。云杉和落叶松都是针叶树，但落叶松的不寻常在于它是一种落叶的针叶树，每年秋天针叶都会凋落，次年春再重新生长。

每年秋天落一次叶，意味着要扔掉大量的水分和矿物质。叶子呈现棕色，是母树回收养分的表现。即便如此，在这些叶子凋落之前，母树也只能回收大约一半的矿物质。在克兰登，常绿的云杉在土壤干燥的地区胜过了对水分需求更大的落叶松；而在水源充足的地区，落叶松占了上风。潮湿的土壤往往更加肥沃，树木需要更多养分，如果我们在同一片土地上同时看到了落叶树、阔叶树或针叶树，意味着这里的土壤足够肥沃。

人们普遍认为常绿树全年都有叶子，落叶树则在秋季落叶，并在春季重新长出新叶。常绿和落叶是有用的标签，但你最好将它们视为两个大集合，每个集合都包含了一系列元素。因为这两个标签过于简化，掩盖了树木许多有趣的个性特点。

我们先来看看常绿树。即使是常绿植物，也没多少叶子可以在树上待5年之久。不过，常绿树不会等5年时间，再一口气脱落所有叶子。它们有自己脱落和替换树叶的方式，这与它们生长的地方息息相关。

1. 脱衣者

如果从凉爽的房间走到炎热的阳光下,我们很有可能会热得脱下外套,卷起袖子。一些常青树也有类似的做法,它们会在干旱时期脱落大量的叶子。

如果你住在干燥地区,你会经常看到光秃秃的树枝。人们很容易认为它们已经枯死了,但当雨季来临,它们又重新长出健康的叶子——撸上去的袖子又放了下来。(树通过让一些叶子脱落,另一些叶子常绿来处理这个问题。)

以衣服作类比虽然说得通,但并不完美。树木是对缺水而不是对高温做出反应。这种习惯的正式名称是"异位(heteroptosis)"。这是一个极为生僻,八百年都用不上一次的词。

2. 冬季瘦身者

部分常绿植物会在冬天脱落一些叶子,以便在再次繁茂之前进行一番梳理。冬青和美洲鹅耳枥就是这样做的。一般来说,冬季越严酷,有些常绿树木的落叶就越多。如果这类树种广泛分布于多个气候区,我们会发现在隆冬时节,生长在极端严寒地区的那些树的叶子很少,而气候温和地区的树木仍枝繁叶茂,葱茏蓊郁。

这种现象在更大范围内可能会有所不同,但由于小气候的存在,我们也可能在更小范围内观察到这一现象。生长在严寒霜冻地区的冬青树,它们的叶片可能比温暖地区的冬青树更稀疏。一些植物学家称树木的这种习性为短时落叶，我则称之为"冬季瘦身"。

3. 半常绿

大部分具有半常绿或半落叶特性的树都分布在热带地区。它们会在短时间内脱落叶子，更换叶子的速度也几乎同样快。就像秋冬两季被压缩成了几天。

1762 年，在德文郡工作的园艺家威廉·卢科姆注意到，他用橡子培育出的一棵橡树很奇怪，到了冬天也没有落叶。卢科姆橡树是一个杂交品种，与土耳其栎树关系密切，一直存活到今天，但数量很少。除了这个奇怪的杂交种，其他一些物种如香豆树，也有这种习惯，但也不是我们能经常看到的树种。

1785 年，卢科姆培育出克隆株后将母树砍倒，他想用这棵橡树的木材做棺材。他把木板放在床下，准备用来制作自己最后的休憩之所。但在他 102 岁去世时，那些木头早已在潮湿的空气中朽坏了。

4. 冬季的绿色

我们习惯于看到落叶树夏天枝繁叶茂，冬天枝叶凋零，这种现象在冬冷夏热的温带气候很常见，但在夏季炎热干燥、冬季温和多雨的地中海气候带却正好相反，树木已经学会了反季节脱落树叶。在智利、南非和加利福尼亚州的部分地区，像加州七叶树（也称为加州马栗）这样的树木从深冬到春天都郁郁葱葱，到了仲夏时节反而会落叶。当然，在局部的小气候环境里，比如加利福尼亚州，越靠近海岸，夏天越温和湿润，这里的树越有可能整个夏天都枝繁叶茂。

"小"意味着"早"

如果一棵小树进化到能够在浓荫的遮蔽下茁壮生长，说明它找到了在不利环境中生存的方法。尽管冬夏两季树林下层的光线不是很多，但全年累积起来，对一棵小树来说也绰绰有余。一个简单的解决办法，就是成为常绿植物。

如果你在冬天穿过落叶林，很快就会发现少数低矮的树种依然保留着叶子。冬青、红豆杉、黄杨等树种夏天处于遮蔽之中，其他季节却能愉快地利用少量光照进行光合作用，尤其是在早春和晚秋。但如果是针叶林，比如云杉或冷杉林，你几乎看不到这些小型常绿植物。这说明在落叶林中，除了夏季，其他三个季节的光照对低矮树种的生长非常重要。

如果你在晚冬寻找粉色的苞芽，请务必记得低头观察地面，你会发现野花也使用了相同的策略。许多野花知道时间紧迫，林地下方的光照很快就不多了，早春花卉必须确保自己抢在树木之前享受到阳光。蓝铃花会赶在水青冈树冠遮挡之前盛放，铺展开一张神奇的淡紫色花毯，吸引四面八方的人们前来观赏。

小树也使用与野花相同的策略，它们比大树先长出叶子。我家附近的榛子、接骨木和山楂总能赶在水青冈、桦木和橡树之前抽出新叶。

这个规则甚至也适用于同一个树种内部，幼树会比它们的长辈提前几周长出叶子，这是我早春时节最喜欢的一番景象。每年大约有 2 周时间，通常是在 4 月中旬，我穿行于附近的树林，沉醉于发现美妙的色彩。这时头顶上方的树冠还没有叶子，抬头向上看，天空一览无余，云朵在剪影般的枝丫间飘过。而当我目视前方穿过树林时，会发现小树已经长出健康的绿叶。年轻的树们抢占了先机，赶在时光流逝之前抛出叶子，捕捉早春的阳光。这可能是它们当年唯一能充分获取阳光直射的机会。

一旦你留意到这一点，你就会发现小树的新叶颜色确实很浅，阳光穿过光秃秃的树冠，洒在这些嫩绿的叶片上，浅绿的树叶像海洋一般，在齐头高的位置闪闪发光，这景象让人过目难忘，没人能对此无动于衷。知道如何寻找这种现象，就提高了与之相遇的几率；而了解它为什么会发生，则会让这种美好的体验更上一层楼。这真是太神奇了。

树木如何知道春天的来临

1 月份一个寒冷潮湿的下午，我宅在家里，生起炉火，泡了一壶茶，坐在一把舒适的椅子上，手里拿着一篇美国哲学学会 1963 年发表的文章《时代的气味——一项关于东方国家使用火与香来测量时间的研究》。

根据诗人庾肩吾的作品，我们了解到在6世纪的中国，线香被用作计时的工具。到了唐朝，香钟变得更加复杂，可以用来计算僧侣冥想的时间。

时间是导航的重要组成部分，多年来，我热衷于了解一些有趣的早期计时设备。在原子钟或iPhone之前，有太阳钟、水钟和蜡烛钟。我们家保持着每年12月燃烧降临节蜡烛的传统——尽管我们经常忘记倒计时，只能草草完成。同样的事情明年还会上演，让我们再次陷入窘境。这让我们忍不住发笑，同时也让我更加同情那些在上一个千年中因忽视时间管理而遭受惩罚的人们。

人类学会了通过多种方式测量一天和一年的时间。大自然也提供了多种计时方式，虽然各有优势，但也都有局限。例如，天冷的时候水钟的运行速度会变慢。简而言之，天文线索比天气线索更可靠，而植物需要对两者都敏感。

我们可以确定冬至的确切时间，但不能确定那天是否能看到太阳。我们很难预测一棵树会在何时长出新叶，也无法确定它能否在这个生长季胜过周围的树，哪怕它在过去几年里一直表现良好。这引发了一个问题：树怎么知道春天来了？

对于树木如何测量时间，我们有了一些认知，即使并不全面。树木主要通过两种方式来衡量季节：昼夜的长短和温度的高低。冬去春来，夜晚会缩短，这是树木日历中最可靠的部分。但如果树木只测量夜晚的长度，春天就会像个时钟，我们每年都会在同一天看到树叶萌发。若果真如此，就会有点儿无聊，幸好我们看到的不是这样。

只凭温度也不太靠谱。夏天比冬天暖和，但每年春天的温度都是乍暖还寒，4月里的某一周可能比2月份的某一周还要冷，而且经常如此。我们已经知道，对于小型植物和低矮的树木而言，提早长叶有利于自身。但这也伴随着风险，落叶树的叶子在零度以下只能苦苦挣扎，一次霜冻就可能致命。因此，早春时期树的目标很简单，既要尽早长出叶子，又要尽量避开最后的霜冻。每隔10年左右，就会出现一次异常晚的霜冻，杀死大量植物和一些树。因此，想要完全避开霜冻几乎是不可能的，唯一的办法是错过整个春天。这是落叶树要面对的风险管理。

昼夜的长短是一个巨大的钟摆，无论天气如何，都可以让树木大致判断当前处于什么时节。因此，就算1月天气反常，热浪滚滚，我们也不会看到树木长出叶子。而使用温度来测量时间就棘手得多，因为树木无法预测天气变化。它们能做的是监控正在发生和已经发生的事。树木很聪明，它们都会记录温暖的时长。加拿大的糖枫要记录140小时的温暖时长后，才会认为春天来临。这个统计温度的时钟贯穿始终，开花、落叶和休眠，都有相应的触发温度。同理，糖枫必须记录2000小时的寒冷，才会认为冬天可能已经过去。

大部分树种测算温度的方式都很有趣。树木对温度的高低和持续时间都很敏感，所以无论温暖时间是长是短，它们都能准确感知。这种计数方法被称为"热量累积"或"度日"。这很难直观地想象出来，不过我们可以把树木所需的总热量想象成沙漏里的沙子，树木要等到所有沙子都流完才会萌芽。这可能是一个平稳的过程，比如有连续两周的温和天气；也可能是一个快速的过程，比如连续一周的天气都很温暖。（在这个比喻中，沙漏中间的细孔在天气炎热的时候会开得更大。）

许多果树需要在冬季经历一段低温期，否则便不会开花结果。我一直觉得有些奇怪，就好像这些树木不完全相信漫长的夜晚，它们要确信经历过冬天之后，才会真的相信春天来了。植物会计算寒冷的日子。糖枫等植物所需的低温期比其他植物更长一些。英国的冬天有时不是很冷，但水青冈树需要累积大量的寒冷时间，因此有些树的叶子长得比较晚。温暖的冬天会让树木在春天犹豫不决，导致它们更容易受到气候变化的影响。

寒冷时钟对苹果、杏、桃和坚果类植物等树种有着强大的影响，异常温暖的冬天可能会在接下来的夏天摧毁农民的作物。1931年至1932年，在经历一个异常温和的冬天之后，美国东南部的桃树全部歉收。*

这似乎是一个奇怪的系统，天气也可能表现得非常奇怪。可

---

* 温度时钟因树种和亚种而异。对于有价值的商业作物，研究更为详细。像"五月花"这样的桃子品种，除非低于7.2℃的时间累积达到1000小时，否则花蕾不会开花；但另一个品种"冲绳"，只需100个小时就能满足开花条件。

能连续三周非常寒冷，也可能连续几周都很温和。树木试图识别春天来临的所有迹象。它尽力去击败霜冻的方式，是将天文时钟和天气时钟结合起来，这样既不会等待太久，也不会错过春日的阳光。如果你曾计划在 4 月举办一次大型的户外聚会，那么你会对树木面临的挑战产生同情。

尝试记录你熟悉的落叶树抽芽日期，在接下来的几年里，你可以玩一个预测游戏，看看树木是否如期发芽。你可能会发现，自己在前几个春天看起来很聪明，预测都还挺准确。但接下来就会出现一个早春温暖期，邻近的树比你预想的早两周进入生长状态，抢先一步长出了新叶，抢走了所有光线。之后几年，你自然会设定一个较早的发芽日，但某一个春天可能会遭遇一场迟来的霜冻，冻死了树木刚刚长出来的新叶。游戏结束了。大自然能够容忍很多事情，但很少会容忍大部分能量的丧失和死亡。大自然不喜欢死亡。

如果继续这个思想实验，我们可以为附近所有树种选择不同的抽芽日期。我们会逐渐意识到，必须根据每棵树的生长位置选择不同的日期。霜冻地带的橡树的春天来得比温暖城市附近的橡树要晚，山上易干旱地区的树木的秋天比溪边树木的秋天更早。假如让你评估一棵花旗松的树荫对一棵小桦树的影响，进而判断是否应该调整小桦树进入春天的时间，这项任务虽有难度，但仍有完成的可能；但如果让你为本地所有的树，乃至全市、全省、全国的树都一一做出评估，你会忙得晕头转向。所幸每棵树都能照顾自己，测量其所在位置的光照和热量，这就是季节会"移动"的原因。春天在到达高纬度地区之前，会先到达低纬度地区；温暖的建筑让橡树的春天来得更早。我们不必干预，让树木按照自己的节律生长，它们可能并不完美，但知道自己在做什么。

昼夜长短和温度高低对每个树种的影响权重不同。小树对光线的变化更敏感，因为地面温度波动很大，即使是在阴凉处，光线也比温度更可靠。总体而言，大型树木对昼夜长短的感知不如小型植物敏感。不过，欧洲赤松和桦树比大部分树种更善于感知昼夜长短的变化。每棵树发芽的时间也与其特点和弱点有关。大部分果实柔软的植物都无法抵抗霜冻，这些果树在春天会缓慢地长出叶子，比如桑树。

民间有关于橡树和梣木的俗语，声称可以预测天气：

如果橡树抽芽早于梣木，那么我们只会有小雨霡霂。
如果梣木抽芽早于橡树，那么我们一定会湿透衣裤。

这是无稽之谈，没有植物能预测天气。它们只反映过去和现在的天气。橡树和梣木都在晚春萌芽，因为它们有同样的弱点：在抽叶之前会生长出新的导管，特别容易受到霜冻的影响。（它们有时会比对方先萌芽，温度每升高一度，橡树就会提前 8 天发芽；榉木的反应没有那么强烈，只会加速 4 天。因此，橡树往往会在温暖的春天赢得比赛，而榉木则是在凉爽的春天获胜。）

每个树种内部都会存在遗传变异，同一树种的植株对温度和光照的反应也并不完全相同。如果我们俯瞰一片单一树种的森林，理论上所有树的经历是完全相同的，但在春秋两季，我们仍会看到森林中颜色的波动，这让风景变得愈加美丽。

树木如何知道秋天的来临

有一种常见的说法，认为人会像自然一样经历春华秋实，渐渐老去，步入人生的秋天。的确，随着年岁增长，树木的外貌会逐渐发生变化，愈发"饱经风霜"，直至最终凋零。这让人们很容易认为树叶的萎黄、凋零如同衰老的过程一般，自然而然。

然而，树叶的变化与死亡，实际上是一个有意、主动的过程，更像是我们所谓的"安乐死"，而非长期自然老化的结果。我曾有幸与彼得·托马斯*博士一起在英格兰南部牛津郡的一片森林中观赏树木，为了揭示人们的普遍认知与实际情况之间的差异，他提出了一些人人都能参与的观察实验。

---

* 彼得·托马斯，是基尔大学的荣誉植物生态学讲师，他是树木研究领域的宗师，对促进人们对树木的认知做出过卓越贡献。

1. 断枝上的枯叶与自然脱落的树叶

断枝上的枯叶 在夏天，我们偶尔会看到从树上断落的树枝，上面的绿叶会在接下来的几周内逐渐变黄、枯萎。这场景与秋天树叶的变化相似，但本质上并不相同。如果你试着把断枝上的枯叶扯下来，会发现它们仍紧紧地附着在树枝上。

自然脱落的树叶 树叶的自然脱落，是在树木回收叶片中宝贵的营养物质之后被"切断"的。树木主动切断了与叶子的连接，这是树木落叶的主要原因。

一旦你尝试过这个实验，就会发现那些过早死亡但仍附着在树干上的树枝，也会出现同样的情况。它们可能是在一场风暴中断裂的。这些树枝上棕色叶子的留存时间之长令人怀疑，通常是健康的叶子掉下来很久之后，它们仍留在树上，直到冬天。

2. 枯而不凋

通过之前的观察，我们知道意外折断的树枝直到冬天都会保留棕色的叶子。随着观察的深入，你会发现这种现象也见于一些小树和大树的低枝。不过，后者是一种健康的生理机制，我们称之为"枯而不凋"。这在橡树、水青冈、鹅耳枥和一些柳树中很常见，在年轻的小树上和大树的低枝上最明显。即使在1月份，我也能看到水青冈树上齐头高的位置长有数百根带有棕色叶子的枝条，树冠上却没有。

水青冈这种枯而不凋的特性，使其成为树篱的热门选择。树篱在一年中的大部分时间里都有叶子，从春天到秋天是绿色的，然后是棕色的，直到 2 月前后落叶，光秃秃一两个月之后，再次开始这个周期。

这种枯而不凋的特性显然有一些进化上的优势，但目前还不清楚到底是什么。有观点认为，枯死的棕色叶子令人不快，让食草动物反感，因此可以保护幼树免受食草动物的伤害。另一种观点认为，一直不落叶是为了在春天生长之前，在适当的时间将落叶中的矿物质投撒在根部。

3. 秋天的时钟

我们或许会认为，秋天的到来与春天相对应，但树木在秋天的目标和风险与春天略有不同，因此它们判断时间的方式也会改变。

在秋天，树木更加严格地依赖日照时钟，即昼夜的长短，这意味着我们可以更准确地预测树叶干枯的时间。树木的参照标准之所以从温度转为昼夜长短，是因为如果在秋天因霜冻失去叶子，就无法全部回收绿叶中的矿物质了。如果是春天的霜冻，或许还有第二次生长的机会。

秋天的地面也在发生变化，土壤可能变得更干燥。对树木来说，提早进入秋天的风险比迟迟不进入秋天要小得多。2022 年 7 月的最后一天，我正在写这篇文章，这是有记录以来最干燥、最温暖的 7 月。据报道，全英范围内"由于破纪录的高温和缺水，树木提前落叶，果实提前数周成熟"。

太阳的直射光能加快许多自然进程，包括树叶颜色的变化。因此，秋天树木南侧的外观可能与北侧截然不同。我们穿越牛津郡那片混交林的时候，彼得解释了为什么树冠顶部常常比下半部分更早变色——因为运输水分的导管里存在摩擦，旅程越长，摩擦越大。如果地面特别干燥，树冠顶部的叶子会因为水分供应受阻而艰难存活、变色并提前掉落；相比之下，下方的叶子则较晚凋零。这些因素的共同作用导致了树木南北两侧的明显差异：树冠南侧的叶子早早就转为金黄色、红色或褐色。

物种的进化过程充满了智慧，但它很难跟上城市化的步伐。在城市中，路灯旁的树会混淆人造光与阳光。在灯火通明的街道上，树木无法感知到秋天的到来，因此也无法及时回收营养，脱落树叶。树的每个部分开始各自计时，于是出现了局部差异——远离路灯一侧的叶子会变黄凋落，而离路灯最近的一侧仍保持着绿色。初冬的霜冻一来，这些绿叶会直接凋零。看上去就像是路灯伤了这些树，但实际上是霜冻杀死了树叶。当然，人造光是罪魁祸首，它扰乱了树的时钟。

树木的"局部气候"

路灯会对树产生局部影响。这个想法引导我们深入研究另一个有趣而重要的概念，我将以狗狗为例加以说明。

每天下午 5 点左右是我家两只狗和两只猫的吃饭时间。我呼唤它们，宣布现在是下午茶时间，然后敲击装满食物的容器。两只猫并不着急，总是几分钟之后才开始行动；两条狗却积极响应，经常为了吃食而抄近路。

狗狗们把自己的饥饿感、我的呼唤声和吃饭的时刻联系了起来。它们的大脑通过神经系统向四肢发送信息，让它们疯狂地冲向晚餐。动物们做出决定之后会通过信号来调度身体的其他部分"协同作战"，以尽快获得食物。我们对动物的这种反应习以为常，很容易以为树木也是这样，但实际上并非如此。

树木没有中枢神经，树的每一片叶子、每一根树枝、每一朵花、每一条根都在各自感知外部环境，并做出自己的反应。科学家喜欢在同一株植物身上设置两个截然不同的环境：一半有充足的光照和适宜的温度，另一半则处在黑暗和寒冷当中。动物的大脑很难将这两种体验统合起来，但对植物来说，这两个微环境的体感互不干扰。

这种对局部微环境的反应方式，有助于树的每一个部分在适当的时候迎接不同的季节。顶芽附近的小气候与地面不同，枝条末端的温度也与树干中心不同，因此，树上不同位置长出嫩芽的时间也各有差异。例如，桃树的顶芽不需要像侧枝上的芽那样经历很长时间的低温。知道这种不同至关重要，如果所有的芽对温度的反应完全相同，在同一时间萌发，会让树木饱受折磨，因为温度在极短的距离内会有很大差异。在冬季的晴朗夜晚过后，地

第十一章｜隐藏的季节

面的空气会比上方冷很多，如果树木没有考虑到这一点，温差可能会使最低的树枝以为它们和顶部的树枝处于不同的季节。

树木们在尽力而为，但无法完美应对由微气候引起的局部温差。这意味着我们会在每棵树上看到季节变化的差异：嫩芽、新叶、花朵或果实并不会完全同步出现，而是次第进行。也就是说，同一棵树进入春天的时间有先有后，你会看到树叶先在某一侧、某一高度上萌发。

一旦花时间去寻找这些季节变化的局部差异，你可能会发现，有些树秋天从内部开始变色，另一些则从外部开始。生长于开阔地带的先锋树种，比如桦树，它们的叶子全年都能生长，通常是从树的内部开始变色，逐渐向外扩散。林地里的树与先锋树种不同，比如槭树，它们的叶子在春季集中生长，秋天通常是由外向内逐渐变化颜色。

秋天的落叶派对

去年秋天，一个寒冷宁静的早晨，我在散步时目睹了两件之前从未注意到的事。地上有很多叶子，树上也还有很多。我在路上走着，有时微风吹来一两片棕色叶子，有时一连串枯叶从我头上飘落。我知道后者并非风姑娘的足迹，于是抬头找寻，原来是树林中的小动物制造出来的动静。

林鸽从枝头起飞，松鼠在枝杈间跳跃，它们的活动将树叶震落，把贮藏着营养物质的树叶送到了地上。在那之后，看到落叶我就会抬头，在秋天的树冠中寻找鸟类和松鼠。结果通常令人满意。

动物活动可能会使个别树叶飘落，刮风则会导致大量叶片同时脱离。我们知道，树会封闭、切断与叶子之间的联系，但树不会强迫树叶掉落，树叶是自然凋零的。通常是风把树叶刮下来。早秋有一场大风，晚秋还会有一场微风。这是我们可以探索的时节。

树木被强风吹拂的一侧会先落叶。如果你看到一棵有很多棕色叶子的树，只有一侧光秃秃的，那很可能是盛行风的来向。这种现象会随着高度的增长而更加明显。离地面最近的风最弱，随着高度的增加，风也会增强，这也会在秋天的树上留下印记。在树木的背风侧，你可以看到高处的树枝光秃秃的，而下部的树枝仍挂满树叶。

盛行风覆盖了整个地区，但当风与地面接触时，运动轨迹就会发生改变，从而产生大量的局部风。* 如果我们注意到树叶以某种模式从树上脱落，应该综合考虑当前的风向、最近的大风和周围景观的形状，这可能会解开这个谜团。

---

* 我在《天气的秘密》中写过关于这些局部风的文章。

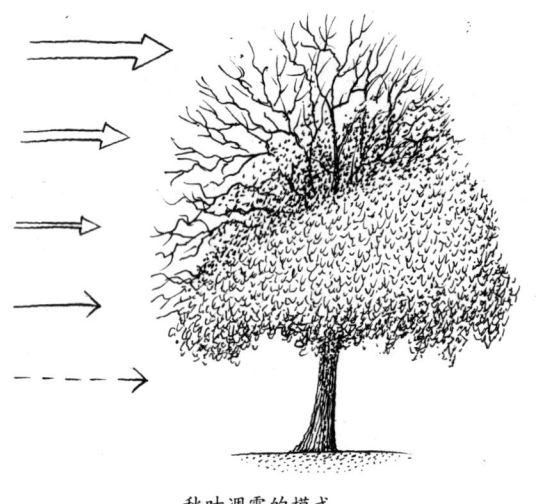

秋叶凋零的模式

去年秋天，我在富勒姆的一条人行道上散步时，看到三棵种成一排的樱桃树。有两棵还未落叶，但中间那棵的叶子已经落光了。它看起来很孤独，光秃秃的。我停下来观察周围的环境，发现盛行风由于建筑物的阻挡，只能从两栋房子之间的缝隙穿行而过，中间那棵树刚好对着这个缝隙。风摘下了它所有的树叶。

含蓄的花和张扬的花

有些树种在抽叶之前就开花，比如黑刺李就以其光秃黑枝上的白色花朵而闻名，但大多数落叶树都遵循我之前提到的顺序：裸枝、萌芽、长叶、开花、结果、落叶。一旦叶子开始萌生，我们就可以继续留意花朵的出现。至于我们能否成功观察到花朵，树木自身也做不了主，这主要受基因的控制。

树木的花主要有两种类型：风媒花和虫媒花。若要进一步了解为何会出现这两种类型，我们需要回顾树木进化的历史。针叶树先于阔叶树进化，它们的繁殖主要是利用风力来传播花粉。在进化后期，有些植物发现昆虫的传粉能力比风更优秀。这导致了我们看到的花朵之间的巨大差异。

外观　风媒花的外观并不重要，因为风是无生命的，它既不会选择，也没有偏好。然而，如果你想要寻求昆虫的帮助，比如蜜蜂，就需要想方设法吸引它们的注意。你要与所有的虫媒花竞争。如果你的花没有足够的吸引力，不能赶在竞争对手之前让蜜蜂蜂拥而至，故事就结束了。动物授粉比风有效得多，但你必须确保你的花能脱颖而出。这就像残酷的园艺比赛，只许成功，不许失败！

大多数针叶树依赖风来授粉，大多数阔叶树则依赖动物授粉，这导致两种树的花看起来很不同。我们只需观察花朵，就能做出判断。如果你看到一棵树上的花很吸引你，有着漂亮的花瓣或引人注目的颜色，那么，你看到的是一棵通过动物授粉的树。环顾四周，你会发现不仅你被花朵吸引了，一些昆虫也会对花朵表现出浓厚的兴趣。

依靠风媒传粉的树无需隐藏或过分突出它们的花朵，因为没有必要这样做。风毫无顾忌地从针叶树上带走数百万颗花粉，其中大部分就在我们周围飞行，但没人注意到。偶尔你会发现针叶树在下"硫黄雨",那厚厚的黄色云雾,是它们释放的花粉。但一般很少有人能看到这种景象,只有花粉热患者才能在微风中察觉到花粉的存在。

气味 同样的逻辑也适用于花香,任何散发香味的花几乎可以肯定是通过昆虫授粉的,因为这对鸟类来说不是很有吸引力。有些植物舍弃了美丽,转而通过散发出粪便或腐肉的气味来吸引苍蝇。这些浓郁的气味对人类来说简直就是"毒气弹"。山楂和接骨木则拥有伞状花序和较为宜人的香味,它们周围也常常可见密密麻麻的昆虫。

虫媒花的策略

奇怪的形状 风媒花毫不起眼,虫媒花艳丽而张扬。槭树则处于有趣的中间态,它们的花朵很奇怪,形状奇特而华丽,但颜色却不显眼。它们既依赖风也依赖昆虫传粉。它们不同寻常的花朵,标志着古老的以风授粉向后来的动物授粉方式的转变。我看着槭树的花朵,仿佛凝视着一座跨越数百万年进化的桥梁。

任何拥有有趣形状的花朵都是有原因的。花的形态与动物的行为之间存在着复杂的联系。我有一句经常用来提醒自己的话:"哪里有铃铛,哪里就有蜜蜂。"任何具有明显铃铛状的花,都是在试图增加某些动物授粉的几率。这在小型植物中很常见,比如毛地黄就拥有长长的铃铛状的花,这是为了方便大黄蜂授粉,它们甚至在铃铛下唇长出引人注目的条纹图案——这能吸引蜜蜂并充当它们的着陆区。科学家在研究某种野生植物的花朵时发现，花瓣越宽，所吸引的蜜蜂就越小，反之亦然。

有些植物偏爱鸟类作为其首选传粉者，它们的花朵因此演化出了独特的形态。原产于南美洲的倒挂金钟会吸引一种特定的蜂鸟，这种蜂鸟利用它们细长的喙深入管状花心吸取花蜜。通常来说，吸引鸟类的花朵以红色居多。一种广泛流行的理论认为，鸟类对红色的辨识力比蜜蜂更强，但事实远比这微妙和复杂。鸟类授粉在小型植物中比较常见，不过刺桐也能凭借其鲜艳的红色和丰富的花蜜吸引鸟类。

变化的颜色 花朵的每一种颜色都隐含着特定的信息，而且随着时间的推移，很多花朵的颜色也会发生变化。欧洲七叶树的花如宝塔，它们在短暂的生命周期里会发出不同的信号。携带花蜜的部分起初是白色的，随着花朵的绽放，颜色逐渐变为黄色，像是在邀请传粉者过来授粉。一旦授粉完成，这里的颜色就会变为深红色。蜜蜂很难看到这种颜色，这时的花朵仿佛在对蜜蜂说："你们可以离开了，任务已经完成，这里已经没有花蜜了。"

去年 5 月，我在英格兰的一个公园里绕着七叶树漫步了半小时，发现了一个有趣的现象：树的一侧明显比另一侧有更多深红色已授粉的花。但我无法解读这背后的原因。尽管至今仍未能解开这个谜团，我依然觉得这半小时非常值得。要是生活中的每一个半小时都能如此充实，那该多美妙啊！

大多数花都是朴素的

如果我们在树上看到了美丽的花朵,除了知道这附近很可能有动物传粉者,也要知道它同时也反映了该地区的生态环境。因为吸引昆虫需要光线和一定的开阔空间,在茂密而黑暗的森林中心开出令人惊叹的大花毫无意义。因此,在开阔地带单独生长或丛生的树上更常见到花朵,比如果树。在森林里更常见到风媒花,因为风媒传粉没那么多讲究,只要微风吹得到的地方,不管环境有多暗,都会起作用。

这意味着花朵越大越漂亮,土地就越开阔;花朵越小越不显眼,我们就越有可能处在茂密的林地中。尽管漂亮的花朵更受人类和动物的喜爱,但风媒花在广阔的地区,尤其是高海拔地区,仍占据着主导地位。

花朵指南针

植物与光有关联的部分都可以当作指南针。花朵大多生长在树的南侧,因为它们需要吸收并反射光线,以吸引昆虫,这也是它们为什么要朝向太阳。就像我们之前观察过的叶子一样,很多花并不是固定不动的,而是会随着太阳的移动调整朝向。*

---

* 如今,许多智能手机的摄像头都有延时摄影功能。如果你准备在草坪上拍摄几小时的雏菊,你会非常清楚地看到这一动作。在一天的开始或结束时,花朵会打开或关闭,并跟随太阳的运动轨迹,这种现象非常有意思。

在一些密集生长的树种中，比如樱桃树，光照对花朵分布的影响会变得更加显著。最南端的那棵树的南侧光线充足，北侧则几乎见不到光。这棵树的一侧会开满鲜花，另一侧的花朵寥寥无几。

花朵建筑师

在我居住的白垩丘陵地区，我每天都会经过一棵小树，称它为树是对它的一种恭维，因为它实际上并没有比我高多少。这种树沿着小径分布，十分常见。它就是绵毛荚蒾。

春天，绵毛荚蒾绽放出宽大的白色伞形花序，散发出阵阵香气。到了夏天，绵毛荚蒾的枝头挂满红色的扁平浆果，随着季节的推移，果实逐渐成熟，转变为黑色。无论是繁花盛放还是果实累累，整棵荚蒾树在茂盛绿叶的映衬下都十分优美，圆润的外形中透着几分秩序与规整。然而到了冬天，它们看起来就像是这片土地上最凌乱的灌木之一，细瘦的枝条四处伸展，看上去一片杂乱。这种看似无序的状态，其实源于荚蒾树春天时白色花朵的需求。

花朵对树木的形态有重大影响。树枝主要有两大生理功能，长出叶子以获取能量，以及开花结果、繁衍后代。我们已经知道，可以通过叶芽的形态来判断树木的形态（对生的芽意味着对生的枝，互生的芽意味着互生的枝）。花朵的位置也提供了类似的线索，只是表现方式略有差异。仔细观察它们在枝条上的分布方式，总能发现一些有趣的规律。

每棵树都必须在两种生长策略中做出选择：要么让花长在每根树枝的最前端，要么沿着整根枝条的芽点萌发。树木自然倾向于把花放在最显眼的位置，因为那里光照最充足，也最容易吸引到飞虫。但为什么不是所有的树都这样做呢？因为顶端开花会有一个问题：花是树枝的尽头。一旦开花，树枝就不能再向前方生长了，它必须改变航向，朝着新的方向生长。花朵不会杀死树枝，但每一次方向的改变都可能成为树枝的弱点。为了防止树枝断裂，树的总体大小会受到限制。

于是，那些枝头开花的树木会长成之字形，而树枝两侧开花的树长得更直。我们可以在花开花落时观察到这种现象：春天，我们看到木兰、山茱萸和槭树等是在枝条顶端开花，冬天我们能看到它们参差不齐、杂乱无章的外观。对于这一现象，我总结了一句打油诗：

树枝的末端开着花，
不是弯曲就是分叉。

花是生殖器官，树木成熟之后才会开始繁殖。最年轻的树尚未成熟，所以不需要开花。这是为什么年轻的树看起来比年长的树更有秩序的一个原因。

果实和种子

所有授过粉的花朵都旨在结出果实和种子，但方式却各不相同。最显著的差异存在于阔叶树与针叶树之间。我们对阔叶树的肉质果实应该很熟悉，比如苹果、桃子、梨、杏等，这是我们日常生活中经常见到的水果。还有一些你可能非常熟悉但没意识到它们是果实的，比如核桃。事实上，树木的果实和种子品类繁多，很难找到普遍特征。以下是我个人会注意到的少数几种特征。

球果是针叶树的果实。它的外形一望而知是圆锥体，但要欣赏它们各自独特的形状和特点，还需要一些时间。针叶树的雄球果负责产生花粉，雌球果负责孕育种子。然而，当我们提到球果时，几乎总是指雌球果，因为雄球果往往更小、更柔软，在颜色和形状上不太像典型的球果。（在附录中，我深入研究了几种不同的球果。）

果实和种子都是由花朵发育来的，因此，它们大多数分布在树木向阳的一面。我热衷于观察单柱山楂的红色果实，欣赏它在树林南侧勾勒出的那一条明亮修长的曲线。这些果实不仅以其鲜艳的颜色描绘着南方的天空，而且每一个都指向南方。

在大自然的美景之中，总有更深层次的艺术之美等待发现。尽管大多数果实和种子长在树木南侧，但风的影响不容忽视。每年2月，每当榛树的雄花柔软地悬挂在树枝上时，我便开始寻找

"榛树旗"。每每强风来袭，它的柔荑花序[1]便会被吹得倒挂在树枝上，指向与上一次强风相反的方向。

树木的"丰年诡计"

我们对一年四季的周期循环再熟悉不过，但除此之外，自然界还有更长或更短的周期存在。水青冈、橡树和榛子等孕育大型种子的树种，每年的种子产量并不一样，每隔几年便会有一个丰年，丰年结出的种子数量远超前后两年。虽然丰年的出现与气候息息相关，但主要还是受动物的影响。

树木不需要每年都结果，但动物必须定期进食。在演化过程中，树木学会了利用这一点发挥自己的优势。从理论上来说，如果一棵橡树每年掉落相同数量的橡子，那么野猪等觅食动物就会依靠橡子长得膘肥体壮，并成功繁殖，直到繁盛的猪群吃掉地面上的每一颗橡子。然而，如果橡树玩一个狡猾的游戏，连续几年结出数量稀少的橡子，那么野猪就会挨饿，种群数量也会因此减少。（一部分动物会饿死，同时，在食不果腹的年份，它们的后代也会减少。）然后在接下来的某一年，橡树突然结出大量的橡子，多到野猪群吃不完的程度，更多的橡子便能幸存下来，开始

---

[1] 柔荑花序，细长的圆柱形花簇（穗状花序），花瓣不显眼或没有花瓣。柳花即为柔荑花序。

生根发芽。

六月落果

如果初夏到仲夏时节，你到苹果树下漫步，很可能会误以为它遇到了什么麻烦。你会看到树下散落了一地的小果子——如果它们还没有被动物吃掉的话。

苹果树会在苹果成熟之前，自然脱落一部分未成熟的果实，这种现象被称为"六月落果"，通常在开花之后持续数周，高峰期一般在七月。柑橘和李子等果树也有类似行为。这并不是什么值得忧虑的现象，反而是树木广种薄收的繁殖方法。

植物所产生的花朵、果实和种子的数量，远远超过了实际繁衍后代的所需。不是每一朵花都能成功授粉结出果实，也不是每一个果实都能孕育出种子。花朵、果实和种子的数量依次递减。因此，树木会先产出比实际所需更多的花和果，再进行适当削减，这是合理的策略。毕竟，时光无法倒流，树只能在已经生长出来的基础上进行自行修剪。如果5月份树上所有的小苹果都长成成熟的果实，母树将难以提供足够的养分支撑。实际上，它也不需要这么多果实。对树来说，拥有少量健康、长势良好的果实，比拥有很多营养不良的果实更有益。是自然选择促使了果实的掉落。

树木的"第二春"

不知道有多少人记得拳王阿里与福尔曼在刚果（金）进行的一场对决，那是历史上最令人难忘的拳击比赛之一。在那场比赛中，阿里明显处于劣势，但他凭借"倚绳战术"取得了胜利。他先是故意退到拳击台边缘的绳索处，让对手误以为自己控制了比赛的节奏。随后他以防守为主，承受了福尔曼的一连串猛攻。这种策略极大地消耗了福尔曼的体力。比赛后期，阿里出人意料地发起反击，最终战胜了福尔曼。树叶的生长，也采取了类似战术。

每逢初春，嫩叶初绽，如福尔曼那般勇猛的毛毛虫和其他动物便向嫩叶发起攻击。在这场大自然的较量中，树木可能会丧失绝大部分树叶。然而，树木坚韧不拔，等到暮春时节，它们会以生机勃发的嫩芽和新叶强势复苏，这被称为树木的"第二春"。

橡树、水青冈、松树、榆树、桤木、冷杉等众多树种在春季的生长季之后，大约在仲夏前后会迎来第二次生长高峰。经历春天的挑战之后，树木似乎生长得更加顽强。这些晚生的"第二春新叶"与早春萌生的叶片在形态上也存在差异。例如，橡树的新叶比早春的叶子更细长，叶裂也比较浅。

生命的十个阶段

当我们观察一棵树时，一般会对它的年龄有大致的了解。它的大小提供了一个直观的初步线索，还有测量周长这种更细致和系统的方法。除此之外，树木还有许多标志可以揭示树龄，我们可能曾看到过这些迹象，但并没有意识到它们的重要性。

1995年，法国树木学家皮埃尔·兰博（Pierre Raimbault）将树木的生命周期划分为十个阶段，我们可以通过观察树木的形态特征来识别这些阶段。第一阶段，最显著的特点是还没有长出侧枝。第二阶段，树木开始长出分枝。而到了第三阶段，这些分枝进一步长出了次级分枝。

当树木进入第四阶段，它会自行修剪掉那些因光照不足而生长不良的低枝。在第五至第六阶段，树木的自我修剪更加明显，同时树枝的生长也更坚定有力。这种变化使树冠变得更宽阔，并在树冠下方形成一个明显的空白区域，这正是之前那些被遮蔽的低枝生长的位置。到了第七阶段，我们可以看到树冠下方裸露出来的树干。

树木在生命周期的前七个阶段会持续长高，之后树冠开始出现萎缩，树木的高度开始降低。不过，此时树干还在继续变粗。到了第八阶段，树木的生长活动从树冠转向树干区域，树冠的扩展陷入停滞。树木的长势在第九阶段逐渐开始衰弱。

你或许还记得，树皮下隐藏着表皮芽，它们在阴影中耐心地等待着生长的机会。随着树木的逐渐衰老，树叶不再在树枝的最前端生长，阳光开始投洒到树干上，这刺激了表皮芽的生长。这些表皮芽可能等待了好几个世纪，终于能沐浴在阳光之下。（衰

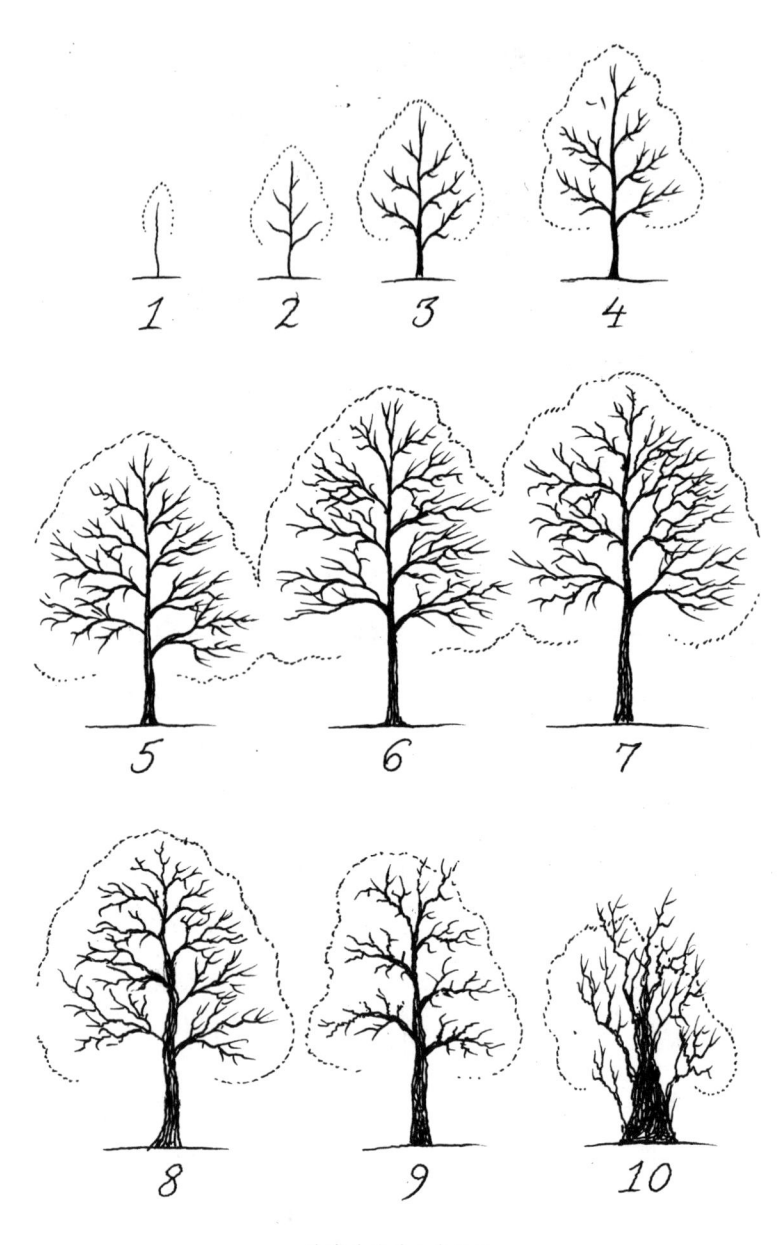

兰博总结的十个阶段

老带来的压力也改变了树木的激素水平，促进了新的生长。）

很少有树能活到第十个阶段，此时它们开始自行崩塌。在这个阶段，树依然存活，但结构开始崩溃，它们的生存依赖于从树干下方长出的新枝条。

这种分类仅仅是兰博提出的概念，并非唯一的可能。我们可以根据自己的理解增减一些阶段。树木和人一样，如果经历了苦难就会呈现出老态。在英格兰西南部的威斯曼森林中，有一些生长在贫瘠且裸露的土壤上的扭曲矮树，很难判断它们的真实年龄。但尝试观察一棵树并判断它处于生命周期的哪个阶段，仍是一种有趣的尝试。这有点像是在雾中远眺一座小镇的时钟：有时，钟上的时刻清晰可见；有时则需要费力去辨认。

时间不会因一棵树的死亡而停滞。我家附近有一棵高大的水青冈，它的树干在离地大约 10 米处断裂，坠落在地。这棵树体内可能多年来一直隐藏着某种弱点，也许是树皮上的一处孔洞让真菌有机可乘，随着时间的推移，这些真菌逐渐侵蚀了树干内部。这棵树大约在 5 年前倒下，令人惊叹的是，倒地后的那一年，地上较大的枝干竟然还能生长一整个春天和夏天。尽管它已经与根系断开，但树干、枝条和苞芽中仍蕴藏着足够的能量，让叶子能再生长一个季节。

树木日历和树林时钟

针叶树每年都会新长一层分枝,这些分枝看起来像一个"旋涡"。因此,观察针叶树的分枝,就可以判断它们的树龄。这种方法对于年轻的针叶树,尤其是10年以内的树非常有效,因为小树每年新增的分枝之间的空隙比较明显。这一点在年轻的冷杉身上表现得最显著。随着树木的逐渐成熟,分枝的层次会变得更加密集,辨认起来也更困难,但以此作为判断树龄的基本原则仍然有效。

树枝的生长具有季节性,周期性的生长会在树枝上留下疤痕,观察这些疤痕可以了解每年的生长情况。疤痕间的长度代表了那一年的生长量。这个长度会根据树龄、当季的生长条件以及往季积累的条件而有所不同。在适宜的环境下(如温度、光照和降水的完美平衡),小树年轻的枝条会在疤痕之间形成较长的间隙,表明那一年的生长很旺盛。

我们还可以通过观察林地中的小型植物来判断林地的年龄。有些植物的繁殖速度非常慢,它们的存在表明这片林地已有数百年历史,通常与该地已知的历史记载一样悠久。它们是古老林地的地标性植物。很幸运,我就住在许多古老林地附近,经常能看到扁桃叶大戟、假叶树等古老林地标识植物。

林地的面貌会随着时间的推移而发生变化。早期林地中的树木会经历一个抢占光照的阶段,每棵树都在尽可能多地吸收阳

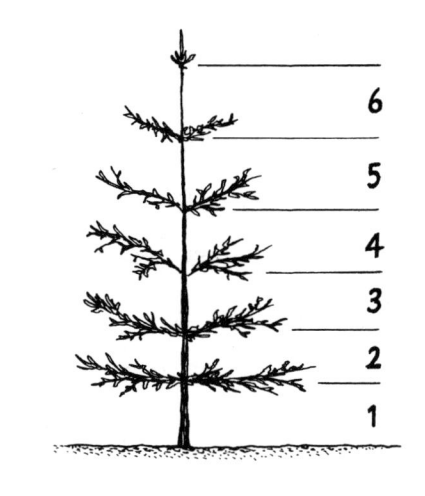

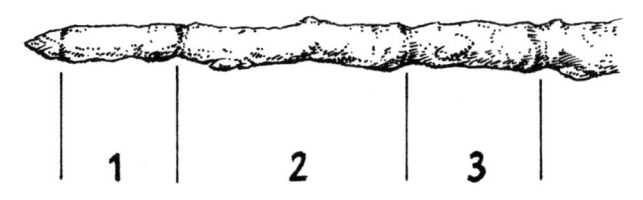

针叶树的轮生和芽痕揭示了树木的年度生长。

光,这种竞争使树木的数量迅速增长。但随着树木的成熟,它们展开的树冠使空间变得拥挤,许多树木最终会在这场生存斗争中失败并死去。因此,成熟的林地通常较为稀疏,树种也相对单一。定期对林地进行疏伐管理,有助于维持树木的健康,促进生物的多样性。当我写下这段文字的时候,远处传来重型机械在林地中运送木材的轰鸣声。虽然有些人会本能地认为这是在破坏林地,但实际上这有益于林地的健康和生态的多样性。

与树木共存的生物中存在着一些有趣的生态周期。早期的林地有充足的阳光，能促进小型植物、昆虫和鸟类的繁衍。随着林地逐渐成熟，地面会积累大量枯死的木材，这些腐烂的木材为昆虫提供了良好的生存环境。昆虫种群的激增，进而支持了更多物种的生存。这些自然循环不仅丰富了林地的生态结构，也展现了生态系统中物种相互依存的复杂关系。

　　如果你在冬季穿行于阔叶林，会发现视野变得异常开阔。这有些讽刺，人们通常视夏季为光明的季节，但夏季阔叶林茂密的树冠会让林下显得既压抑又昏暗。到了冬天，尽管天空可能是阴郁的灰色，光线却能透过稀疏的枝条倾泻而下。藓类、蕨类、地衣以及苔类植物都偏爱冬季的湿润环境，它们会充分利用这个季节的光照，只要温度适宜，就能持续生长。在一段比较温暖的天气过后，你可能会发现林地表面乃至树干和树枝下部泛起了一抹新绿，那是蕨类、苔类等植物生长的迹象，宛如在寒冬中迎来了一个小型春天。

第十二章

遗失的地图

寻找属于自己的树标

人类喜欢通过地标来理解新的风景,这是一个古老的习惯。地标既可以是自然物,也可以是人造物,它们能帮助我们了解自己所处的位置。好的地标必须满足几个条件:外形独特、易于识别、长期存在,而且要很突出。因为独自生长的大树具备上述几个条件,所以人们很早就开始把大树作为地标。也正因为大树扮演了重要的角色,所以各地的传说里总会出现大树的影子。

> 亚伯兰穿过那地,直到示剑地方,摩利橡树那里;当时迦南人住在那地。——《圣经·创世记》[1]

人们常常会约在某棵树下见面,约定的那棵树不一定都是单

---

[1] 译文引自《圣经》和合本。

株生长的大树，但一定足够显眼、便于识别。我家附近的树林里有两棵水青冈格外引人注目，它们比周围其他的树大了约百岁，但仍高大挺拔，英姿勃发。这两棵水青冈的底部盘根错节，我家孩子小的时候总能在里面发现硬币。我和妻子煞有介事地说这一定是精灵的杰作，称它们为"精灵之树"，而且精灵们的规则很严格，只会留下硬币，从不用纸币做礼物。这个小把戏持续了5年左右，直到我家孩子盯着手机的时间比在大树下玩耍的时间还长，这个故事才慢慢淡出我们的生活。

大多数人会注意到风景中显而易见或富有戏剧性的事物，却常常忽略了那些微妙的细节。接下来，请花几秒钟时间依次思考下列城市：巴黎、伦敦、旧金山、阿格拉、纽约，尝试在脑海中勾勒出它们的形象。埃菲尔铁塔、大本钟、金门大桥、泰姬陵、时代广场……上述这些景点很可能至少有一个在你脑海中闪现。我们对一座城市的了解越少，就越需要显眼的地标，反之亦然。当我们初到一座城市时，往往会提到极为醒目的事物，此处所说的极为醒目，意指陈词滥调般的存在。一个一生都住在同一座城市里的人，会使用更亲切的地标，比如"在粉色涂鸦旁边等我"。在某些极端情况下，地标的名声甚至超过了城市本身。

自然规律亦复如是。每个人都能注意到那棵雄壮孤高的橡树，却鲜有人留意之前路过的多刺幼苗。行人路过我家附近的树林，一定会被那两棵突出的"精灵之树"吸引，但长居于此的我对这片树林非常熟悉，能欣然列出数十个树木地标。我给很多树都取了昵称，甚至包括那些早已枯萎的老树。从树桩两侧蓬勃生长出的枝条，我称之为"维京头盔"；那个根部四脚朝天、已经朽坏的水青冈树桩，我叫它"王冠"；那些向南方天穹弯曲的朽枝，我称之为"鹰爪"。这些风景对于大多数过客而言是隐形的。*

在你最熟悉的地方，你会有自己的地标。问题在于，如果我们只是访客，如何留意这些特征呢？你可以想象几个小时后自己要在当前位置与某个人见面，而你只能通过描述附近树木的外观帮他确认这个地点。这个简单的方法能让你快速留意到附近树木的特征。更好的办法是，你真的与人约在那里，为了确保对方能够准确找到你，这个练习对你来说就更有难度了。当然，通过这种方式，那里的树木也会深深地铭刻在你们的记忆之中。你们可以在公园里做这个练习，甚至在远离步道的森林里也可以。事情会变得更有挑战性，但一些你此前从未留意过的树木特征却会突显出来。

树无处不在

你可以在任何地方看到树木的身影。如果有人绑架你，蒙上你的眼睛，随机把你带到某个地方，当你摘下眼罩时，首先映入

---

* 这些树木地标的照片可以在 https://www.naturalnavigator.com/news/2021/03/what-is-a-landmark/ 上查看。

眼帘的很可能就是树木。树在大自然当中随处可见,除了最极端的环境,树总能在严酷的生存游戏中获胜。大自然的座右铭似乎是:"如果没有别的指示,那就让树木生长。"

如果你摘下眼罩却没有看到树,有两种可能:要么这片土地已经被人类征服,树木被人类砍伐了;要么是不毛之地,人类对于那里几乎没有什么想法。通常来说,树木不会在山顶、海洋和荒漠等地方扎根,而在其他景观当中,我们都应该能看到树木的身影。

对人类而言,最宜居的土地往往树木稀少,它们被钢铁森林所取代。即便在农村地区,我们也一直都在为住宅和农田砍伐树木,这一行为已经持续了一万多年。农田中现存的树木,都是犁铧下的幸存者。农民们把那些过于陡峭、多石或因为其他原因不宜耕作的地方留给了树木。我家附近有一系列陡峭的沟壑,可能是上一个冰期时冰川融水冲蚀而成的。这些山谷的两侧很陡峭,不管是传统的马拉犁还是现代的拖拉机都难以作业,不适合农业生产。因此,山谷沿线未被开垦,仍覆盖着原始的树林。

我走出家门,从南麓上山,就是一片水青冈林。虽有少数桦木与槭树点缀其间(尤其是在林地边缘),但毫无疑问,我正穿行于一片阔叶林中。约莫两小时后,我走下南唐斯丘陵的脊线,知道景色将会不一样,因为南北两侧的岩石与土壤结构迥然不同。当阔叶林渐渐消失的时候,我意识到自己已经抵达格拉夫汉姆公地*。这里是干燥贫瘠的沙质土壤，不适于农耕。于是，这片土地便由灌木丛、针叶林和普通民众共享。正如作家约翰·刘易斯 - 斯坦普尔所言，"针叶林意味着贫瘠"。

没有树的土地，要么炙手可热，要么无人问津。

一座山谷是一份礼物

每个山谷都有起伏，不同朝向的斜坡会接收不同程度的阳光、雨水和风力。养分会顺坡而下，使低处的土壤更加肥沃。树木的生长会反映出环境的差异。没有哪种树能够适应所有环境，它们必须术业有专攻。每个树种都有自己的生态位，能在特定的栖息地繁盛生长，这意味着它们对某些因素特别挑剔，尤其是光照、水分、风力、温度、养分、酸碱度和干扰程度。大部分树木在某些变量处于中间值的时候长势良好，但每个树种都会对其中一个或多个因素特别敏感。因此，若你有幸俯瞰整个山谷，不妨将其视为山谷的馈赠。这份礼物为你提供了一次解读树木语言的机会，记得细察那些随着环境而变化的微妙差异。

---

* 在英国历史上，社区全体成员有在公地上放牧的传统权利。它过去不属于私人或公司，现在也依然如此，是大家共享的资源。它之所以成为公地，并非因为前辈们的慈善行为，而是因为这片沙质土地的土壤贫瘠，不适合农业耕作。因此，每一代人都乐于分享那些自己不需要的资源。

树对的秘密

金斯利谷是我家附近的一个自然保护区，因拥有古老的红豆杉林而举国闻名。保护区顶端有一块纪念亚瑟·乔治·坦斯利爵士的石碑：

在亚瑟·乔治·坦斯利爵士创建的自然保护区中，这块石头唤起了人们对他的怀念。他在漫长的一生中，致力于拓展对自然的理解，激发人们对自然的热爱，并保护了不列颠群岛的自然遗产。

坦斯利因其超前的保护工作而受到赞扬，此外，他还在国际上推动了植物地理学的发展，这与我们观察树木的活动息息相关。

1. 植物地理学

1911年，坦斯利协助组织了第一次国际植物地理考察。"国际"和"考察"两个词表明，来自欧洲和美国的科学家聚集起来，深入英国及爱尔兰群岛进行研究。但中间这个"植物地理（Phytogeographic）"对我们来说才是关键。"植物（Phyto-）"作为前缀，意味着与植物相关，"地理"虽是一个熟悉的词汇，但定义却不那么清晰。

大约十年前，我与时任英国皇家地理学会（RGS）会长的丽塔·加德纳博士进行过一次交谈。地理学已逐渐演变为涵盖广泛、枝蔓丛生的知识领域。我向她坦陈："这有点尴尬，虽然我是 RGS 会员，但如果让我定义地理学，我还真不知道该怎么说。地理学究竟是什么？"我个人的看法或许有些片面、过时，总觉得一门植根于物理过程研究（如冰川与火山）的学科，如今竟囊括了城市规划和收入分配等内容。丽塔·加德纳博士知识渊博、学养深厚，她简明扼要地回答了我的问题："地理学的核心是研究局部的变化。"

也就是说，植物地理学就是研究植物如何随地理位置的变化而变化，或者说研究植物是如何绘制"地图"的。在我们探索树木意义的过程中，坦斯利发挥了重要作用，他推动了植物地理学的发展。这个学科揭示了树木是如何绘制地图的，也让我们明白可以如何利用这些地图。

2. 一方水土养一方植物

所有的植物都在试图告诉我们关于周围土地的信息。我们经常会在某种植物旁边看到其他特定的植物。当我们看到一株植物时，它为我们提供了发现其他植物的可能性；如果我们看到两种植物在同一区域内茁壮成长，发现其他植物的概率将会大大提升。

你是否留意到，当我们被荨麻刺痛的时候，似乎总能在其附近找到可以缓解疼痛的酢浆草。这种安排看似充满善意，真相却很简单，因为这两种植物都喜欢在营养丰富、被翻动过的土壤中生长。

如果你在附近发现荨麻，很可能也会看到粗糙的普通早熟禾，因为它们都喜欢类似的土壤。如果你同时看到了荨麻和酸模，几乎可以肯定能在附近找到普通早熟禾。

这到底和读树有什么关系？少安毋躁，我们马上就来解答。

在本书开头，我们了解过如何使用单一的树种来制作地图。这张地图虽然有趣，但尚显粗略。如果我们掌握了通过柳树观察河流，通过针叶树观察贫瘠的土壤，我们就可以开始学习阅读精度更高的地图了。留意树木配对的情况，可以帮助我们做到这一点。

3. 水青冈的搭档

任何一个长着树的地方，都可以通过识别树木与其他植物的配对，来获取周围环境的详细图像。几乎没有人知道这个小技巧，这就是为什么我称之为"树对的秘密"。世界上有太多的组合，详尽罗列的意义并不大。我们的目的不是学习新单词，而是注意你所在地区植物配对的情况。下面我将结合自己在家附近的水青冈林散步时注意到的例子，来告诉你这是如何运作的。

在水青冈林中穿行的时候，我会时刻留意那些长势良好的植物，因为我想知道水青冈能和哪种植物配对。我发现，通常是多年生山靛或荆棘，它们各自讲述着不同的故事。

多年生山靛与水青冈 如果我在地上看到一块铺展开的山靛地毯，这意味着我正在穿过一个水青冈占主导地位的地区。水青冈林投下大片阴影，扼杀了大部分树和低矮的植物。这片树林中偶尔会混入奇怪的红豆杉或一两种其他耐阴植物，但浓密的树荫会严重限制树木的种类。在这片林地的边缘地带还能看到常春藤，而在有人类活动干扰的地方，可能会有零星几棵桦树或榕木，但种类稀少。植物种类的单一也影响到了生物多样性，在树林中心我几乎没听到什么虫鸣或鸟叫，林中气氛有点压抑。

荆棘与水青冈 当发现水青冈林中荆棘丛生时，我意识到这方小天地已经悄然改变，周围明亮了起来。荆棘无法在树荫下生存，因此，只有在小水青冈无法遮挡阳光的地方或是光线能够照到的地方，才有机会看到荆棘和水青冈成对出现。在这些地方，我能发现冬青、常春藤、蕨类、苔藓，可能还有橡树、槭树或榕木。植物的种类激增，动物也随之而来。这里的鸟类和昆虫显得十分活跃，尤其是在春分和秋分时节的黎明与黄昏，一派生机勃勃的繁荣景象。

无论你穿行于哪种树木占主导地位的领域，都可以多多留意它们的常见搭配，这会为你的地图增添许多色彩、风景和声音。

落日游戏

9月的一个下午，我计划去山里散步，再到村里与朋友们会合。得益于我在行程之外预留时间的习惯，我在前往村庄的路上享受了一段惬意时光。我走在覆盖着针叶树的山坡上，准备下山时看了看时间，发现自己到得比预定的时间要早。多出来的时间让我愉悦不已，我决定不再沿着既定路线前行，而是穿过一块私人领地——尽管路边的告示牌明确地警示我，不能再继续前进了。我忘了告示牌上具体写了什么，但言辞中流露出杀气，意思是若我继续前行，有被乱箭射杀的风险。很幸运，这种情况没有发生。

1. 针叶林里的落日游戏

我漫无目的地在斜坡上游走，脚底时而陷入松软的枯针叶床，时而跨越突兀的树根与残桩。日暮时分，夕阳偶尔穿透枝叶，温柔地轻抚地面。我突发奇想，决定与这渐沉的夕阳嬉戏一番。

当我们俯瞰山谷时，日落时分仿佛延后了；当我们仰望山顶时，日落又似乎提前降临。（当我们向下看时，看到了更远的地方，相当于降低了地平线，太阳需要更长时间才能触及地平线，因此日落被延迟了。）我游走在一道道起伏的小山丘上，仿佛在操纵日落的影像，让它随我心意时进时退。我偏爱在松树林中游走，而非在云杉林里徘徊，松树因落叶而变得疏朗，观赏日落的窗口期要更长一些。

2. 阔叶林里的落日游戏

如果你想在阔叶林中尝试这个游戏，你会发现一个有趣的模式。觅食的鹿就像挑剔的园丁，创造出一条整洁的线条——啃牧线，它标志着树冠的底部。（未经干扰的树冠则显得参差不齐，波浪起伏。）你可以在任何有食草动物活动的区域寻找啃牧线。因为动物们能触及的高度大致相同，你会看到啃牧线紧随着地面的轮廓起伏。区域内动物的数量越多，食物资源越匮乏，啃牧线也就越鲜明。

啃牧线

单株树上的啃牧线格外明显，仿佛被精心修剪过一般。但在茂密的树林中，我们或许会忽视这一现象。食草动物会清理林地低层的植被，这有助于提高视野的通透性。为了保护树苗免受动物的侵害，人们用围栏隔开了一大片区域。当我穿越这些隔离区

第十二章 | 遗失的地图

时，这里的树叶长得更低，小型植物的长势也更喜人，好像树木在和下层的植被竞争这片空间。换句话说，如果你能在阔叶林中自由行走并眺望远方，那么你并不孤单，小鹿、兔子等食草动物可能正躲在某个角落偷看你。啃牧线的高低也会影响密林里的"日落时间"，如果啃牧线高，能看到的日落时间就会更早，反之亦然。这意味着林地中食草动物的数量能够"改变"日出和日落的时间。

不知不觉中，我回到了既定的轨迹，但对抵达目的地已无半点渴望。遗憾的是，那能让我们操纵日升日落的神奇力量，并不能将朋友们召唤到这片林中。在下山的路上，我心中充满了想象，想象着回家的时候，在树下与月亮共舞。

时间的主宰者

树木是时间的主宰，它们的年龄对我们所看到的其他事物有着巨大影响。

我有幸在一个下午与伊莎贝拉·特里[*]一起探索位于西萨塞克斯的克内普庄园，这座庄园的黏质土壤被证明不适宜农业生产。由于庄园内条件有限，伊莎贝拉夫妇对于如何恢复植被一筹

---

[*] 伊莎贝拉·特里是著名作家，与其丈夫查尔斯·伯勒尔爵士一起创建了英格兰第一个大规模野化项目。

莫展，他们决定让大自然自己解决这个问题。我尊重他们的做法，我喜欢想象他们顺风而呼的场景："植物啊！你们这样不合理！你们再不尽心合作，我们就不为你们收拾残局了。你们自己解决！"

曾经贫瘠、不宜耕种的土地，如今已转变为一个充满活力、自我再生的生态系统。这是一处考验每位到访者感受力的景观。如果你有强迫症，喜欢平整的草坪，看到秋天落叶满地就焦躁不安，那么请移开你的视线，你还没准备好接受这一切。但如果你偏爱野性未驯的大自然，那就敞开心扉，投入其中，尽情感受吧！你会爱上这里的。

这个庄园的大部分土地都很开阔，一些地方长着茂密的<u>荆棘丛</u>、柳树和古老的橡树。这些植物都是树木时钟上的一个时刻。我看到荆棘丛中有棵年轻的橡树，它的树皮最近才木质化。有句老话说："荆棘是橡树之母。"荆棘丛保护年轻的橡树在其脆弱的幼年免受动物的伤害。* 现在，荆棘已经完成了它们的任务，我们可以在荆棘<u>丛</u>的边缘看到被啃过的嫩芽，而它们呵护的那棵年轻橡树已经茁壮成长，可以独当一面了。荆棘不会因此而得到任何感谢，几十年后，同一棵橡树会遮盖住它们的阳光，使它们失去能量。大自然并不总是充满温情。

---

* 伊莎贝拉2018年出版了一部具有里程碑意义的著作《荒野》，她在书中解释道，橡树曾经与英国国家利益攸关，因此荆棘丛也受到保护。1768年的一项法令规定，任何拔取荆棘的人都将面临三个月的监禁和鞭刑。

距离这棵小橡树不到一分钟的路程,一棵高大的老橡树的生命旅程即将结束。我们站在这棵古树的树荫下,欣赏它那壮观而古怪的外形。它的一根主枝已经完全塌陷,树干上的表皮芽已经长成大小适中的枝条,那是通过 B 计划生长出来并获得成功的分枝。

树木上的生物不仅关注宿主的种类,还对树木的尺寸和树龄有特定偏好。伊莎贝拉解释说:"有的真菌会专门生长在特定粗细的枝干上,只在那样尺寸的枝干上繁衍。"她指向那棵古橡树上的一种菌,那是一种极为罕见的稀针嗜蓝孢孔菌。这种真菌唯有在古老橡树上才能存活,若环境中仅有年轻的橡树,它的生存将无以为继。这一点生动地反驳了开发商常有的一个错误观念:只要砍伐后补种等量的树木,就不会对生态造成破坏。

黄花柳林中栖息着一种神秘而备受青睐的生物——紫帝王蝶[*]。其幼虫以此类树木为食,茁壮成长。羽化后的紫帝王蝶同样活跃于柳树林间。"它们大费周章地穿梭其间,只为追寻雌蝶,因为雌蝶正在精心挑选最理想的叶片,用来安置它们的卵。为了捍卫领地,这些蝴蝶展现出惊人的攻击性,甚至敢驱逐鸟类,其性情之猛烈,真可谓非凡的昆虫!"

---

[*] 紫帝王蝶是一种口味奇特的蝴蝶,有时以树液为食,但也会以粪便和腐肉作为补充。有些紫帝王蝶的爱好者为了近距离观赏它们,不惜使用奇特的诱饵将蝴蝶从树冠层引诱到地面,我们饶有兴致地分享了听说过的各种例子:花生酱、虾酱、婴儿尿布、腐鱼、布里干酪、狗粪等等。在感到恶心之前,我们停止了讨论。

"什么？"我诧异道。脸上的表情一定很夸张，因为我正在努力想象蝴蝶追赶鸟儿的奇异场景。

紫帝王蝶通过在空中表演来标记它们的领地。它们最喜欢在古橡树的顶部及其下风向位置展演。"它们会在树冠周围互相追逐。这就像黇鹿的求偶场。"

伊莎贝拉告诉我，蝴蝶需要柳树，但柳树需要野猪。柳树的种子需要裸露的土地才能发芽。种子在 4 月末从树上掉落，如果落在草地上或灌木丛中就没有用了，它们需要在湿润的裸露土壤中才能生根发芽。而这正是克内普有野猪群活动的证据之一，野猪群在草皮上拱土，为柳树种子打开了通道。在过去的几个世纪里，野猪就是这样为柳树松土的。

那个愉快的下午，我亲眼见证了年轻的荆棘、年轻的橡树、成熟的柳树以及古老的橡树如何塑造了这片土地，它们在紫帝王蝶那短暂而绚烂的振翅瞬间，各自扮演了不可或缺的角色。

鸟类与树木之歌

我们的大脑常常处于轻微的忙乱中，但当我们放慢脚步，深呼吸并仔细观察时，便会发现周围惊人的多样性和丰富性。我们平时居然忽视了这么多令人印象深刻的事物，不由得令人扼腕叹息。

1. 心清天地远

一个暮春的午后,我在苏塞克斯的南唐斯地区走了几个小时后,在一座白垩质的河岸上席地休息。我环顾四周,探索周围的景色,结果发现自己坐着的时候视野更好。这让我十分惊讶,因为这在逻辑上讲不通——人在站立时看到的距离比坐着时要远大约50%,这意味着我们在所有方向上看到的地面面积超过后者的两倍。但我们坐着的时候虽然视野范围变小了,观察到的事物却变多了。这或许是因为坐着的时候心情舒畅,大脑不再频繁向肌肉发送指令,减轻了处理多种任务的负荷,从而让我们注意到了更多细节。如果你有兴趣实验,不妨在路过一棵树的时候试一试。先在行走的过程中观察它,然后坐下来仔细观察。我保证你会发现以前未曾注意到的新景象。这种情况我将之命名为"动态视野狭隘综合征"。

2. 枝高鸟鸣扬

我喜欢在荆棘和尖刺之间寻找鸟类。有一次,我看到一只知更鸟在树林间跳跃,最后停在树梢上唱歌,于是产生了好奇:为什么鸟儿要在树顶唱歌?为什么不在灌木丛的遮蔽下歌唱呢?这样不是更安全吗?但是,想一想教堂顶部的钟楼,位置要足够高,声音才会传得更远,鸟鸣声也是如此。飞到高处去唱歌,和将沉重的钟置于塔顶,都需要付出一番努力。

我们所听到的鸟鸣声,与树木的高度,以及树木在风景中构成的布局模式息息相关。鸟类具有领地意识，它们偏好的领地通常是混合型的；大多数鸟类倾向于避开空旷地带和浓密的森林。它们理想的生存环境需要满足以下三个要素：长有树木，食物充足，靠近水源。

将这两个简单想法结合起来，你会发现小鸟与树木构成了同一幅画面。如果你行走在开阔地带，注意到那里有一片森林，那么你听到和看到鸟类的概率就会增加。反之亦然，空旷乡村中的鸟叫声预示着森林就在不远处。

当你穿越茂密的森林，经常会长时间听不到鸟鸣；如果突然间鸟声大噪，意味着你可能快要走出森林了。

在你穿越多变的地形时，树木的高度和密集程度参与塑造了我们所听到的声音，它们对这份听觉盛宴的贡献不容忽视。暂停片刻，闭上眼睛静静感受，享受林间树木演奏的歌声吧。

一棵树所形成的微型生态

树木通过反映其生长环境，绘制了一幅宏大的地图。但树木并不仅仅是被动地反映环境，它们还对地面环境产生了影响。通过了解每个树种的习惯，我们能够预测它们周围某些非常细微的变化。其中一些常识性的知识已为人熟知，但除此之外，还有许多并不常见也很少有人愿意花时间去观察的现象。

1. 树荫轮廓

每棵树的树荫轮廓都是独一无二的。每棵树投下的树荫形状、浓密程度都不一样，树荫出现的时间也各不相同。云杉在狭窄的区域内投下深厚的阴影，橡树在宽广的区域内投下适中的阴凉，杨树则让大量光线穿透而过。桦木叶子长得晚，接骨木更早一些。之前我们探讨过这些差异的原因，现在我们将着重了解树荫如何影响其周边植物的分布。夏天，我常在垂枝桦树下发现野花，红豆杉旁边则几乎没有。我还发现，像蓝铃花这类在早春时节开花的植物，通常生长在水青冈等叶子长得晚的树种下面；而在新叶早早萌生的接骨木下方，它们的身影十分罕见。

每棵树投下的阴影都会改变它下方的世界。

树木通过树荫为空气及下方的土地降温，当然，还会通过风力和蒸腾作用冷却气温。在压力差的作用下，单棵树下方的微风会加速流动。树木通过叶片的蒸腾作用，能冷却其下方的空气。通过树荫、风力以及蒸腾作用，每棵树都有自己独特的降温特性。加利福尼亚的一项研究发现，城市中的树木能够让开空调降温的需求减少30%。

2. 落叶地图

每棵树落叶的方式各不相同，而每片落叶坠地后发生的变化也各不相同。有的迅速朽败，有的经久不腐；有的营养丰富，有的形同鸡肋。水青冈的叶子富含养分，但由于它浓密的树荫，其他植物无法在其下方生长，因而很难利用这些养分，大部分养分会被水青冈自己重新吸收。不过，蜘蛛倒是对它们情有独钟。城镇中的树木无法循环利用落叶这部分养分，因此，我们会在人行道上见到落叶堆积，而树木本身也需要额外的养分补给。

3. 桤木地图

桤木以几种非常特殊的方式改变了它们附近的土地。

指示水源　桤木的生长，是附近有水源的迹象，如果你看到一行桤木，你可能会看到一条溪流的走向。从这个意义上说，它们是自然环境的指示者，通常意味着该地区水源丰富。不过，它们同时也改变了河流的景观。前文谈到，桤木的根可以起到缓冲作用,防止河水侵蚀土壤,保护河岸。这有助于理解桤木沿岸分布的一些模式。所有的河流都会自然弯曲,如果桤木生长在河岸边,它们的存在会使河流的路径更加曲折多变。

固氮根瘤 桤木改变土地的第二种方式,是它们具有特殊的固氮能力。尽管所有的植物都需要氮化物,但大部分植物都依赖根系从土壤中吸收。桤木却能与细菌形成合作关系,让细菌直接从空气中吸收氮气,而空气中的氮含量非常丰富。桤木生长在水边,我们很容易就能观察到它们的根部,发现它们的根瘤,那是细菌发挥魔力的产物。(几十年来,我都沉迷于寻找根瘤,但只是注意到它们的形状。最近与一位生态学专家交谈之后,我才学会了更细致地观察根瘤。基尔大学的讲师萨拉·泰勒博士指出:"桤木与弗兰克菌共生,它们看起来就像是迷你版的花椰菜附着在根系上。红色的根瘤意味着细菌正在活跃生长,灰棕色则表示细菌已经死亡。在遭受河水侵蚀的河岸边,我喜欢寻找这些结构,它们如同来自另一个世界。")

在这种合作关系中,树木获得了所需的氮,作为回报,它用糖分滋养了细菌。这不仅对单棵树来说大有裨益,对土地也产生了积极影响。桤木能生长在对其他树木来说氮含量很低的地区。当它们落叶时,这些富含氮化物的叶子会使土壤变得肥沃起来,其他树种便会接踵而至。桤木是探路树,为其他树种铺平了道路。或者,正如诗人威廉·布朗在 1613 年所说:

桤木浓密的树荫，滋养着

靠近它的植物，葱茏蓊郁

4. 混合栖息地

在威尔特郡，我曾看到护林员用榛子树创造了一个混合栖息地。这是许多物种的理想栖息地，睡鼠夏季时会在此筑巢。还有许多我熟知的植物，如紫罗兰和纤细老鹳草，还有一种我很少见到的寄生植物——欧洲齿鳞草，它那粉白色的花穗平平无奇，主要靠吸取榛树根部的营养生长。灌木丛中回响着松鼠来回穿梭的窸窣声，泥地上清晰可见黇鹿、狍子以及麂鹿留下的足迹。

榛树林的地面是一片浓密的绿色，酸模、荨麻、熊葱和其他十几种物种一直延伸到我目力所及的地方。突然，土地发生了戏剧性的变化。在两棵核桃树下，小型植物放弃了生长，土壤完全裸露着。放眼望去，整片绿地毯上只有这一片光秃秃的，毫无生机，面积大约与核桃树投下的阴影相当。为什么会这样？我先卖个关子，请你继续往下读。

5. 化感作用

树木并非温柔的绿色圣人。在基因层面上，自然界的一切都遵循着自私的生存法则，某些树种在这方面会表现得更冷酷无情。植物界存在着一种被称为"化感作用"的现象，即植物会分泌一些化学物质以毒害或抑制周围其他植物的生长。杜鹃花、欧

第十二章 | 遗失的地图

洲七叶树和黑胡桃树等竞争激烈的灌木和乔木都有这种特性。它们被称为"有毒的邻居"。

具有化感作用的树木并非漫无目的、随意杀戮的"心理变态",它们的攻击非常精准,会分泌出对特定物种最有效的化学物质。黑胡桃树把胡桃醌注入它周围的土壤,这种毒素对与其竞争最激烈的树种尤其致命,比如桦树。如果你看到一棵树下方的土壤裸露着,而它的树荫并没有浓密到让树下寸草不生的程度,那么,你面对的可能是一片被毒化的土地。

6. 动物之家

树木还为我们提供了附近可能出现的动物的线索,许多动物都会选择在树上安家或筑巢。例如,兔子喜欢在村庄边缘的接骨木附近筑巢。我用这种方式记忆:"接骨木,大肥兔,形影不离住一处。"这句话提醒我们,接骨木与动物栖息地的关系。

7. 土壤结构

森林地面的观感与触感都与开阔地带不同,因为树木能够改变表层土壤的状态。每片林地之所以显得独一无二,主要是因为主导树种以及它们落叶的分解方式各不相同。针叶树的枯叶要比阔叶树的树叶分解得慢得多,而在针叶树占主导地位的寒冷地区,这种效应会被进一步放大。在某些针叶林中,厚实的针叶层带来了柔软的弹跳感,哪怕只是走几步,都会让人觉得乐趣无穷。

土壤科学家会对林地表层的土壤进行分级，并将其分为"细腐殖质""半腐殖质"和"粗腐殖质"等类型。细腐殖质是动物消化落叶之后形成的，在阔叶树下更常见；粗腐殖质是真菌分解之后形成的，在针叶树下更常见。半腐殖质介于两者之间。对于我们来说，只需享受观察地面外观和触感变化的乐趣即可。

当学会将每棵树视为指引我们发现附近事物的线索时，我们就打开了一张充满细微奇迹的地图。

在细节里寻找生命的故事

读树的旅程即将结束，但另一段旅程才刚刚开始。

在本书的开头，我承诺我们会遇到无数个"树标"，我们能学会在鲜有人留意的地方发现意义。树永远不会出现相同的样子。书中提到的内容都是真实的，但难免有不足的地方，我想你会同意这一点。只有当你自己开始寻找这些标志，这本书才会起作用。为了支持你，我要与你分享一个简单高效的技巧。我每天都在运用这个技巧。

这个技巧的关键在于调整心态。不要带着侥幸的心理去寻找，也不要想着是去碰碰运气，要有成功的信心和坚定的信念。你一定会看到树上的标志。没有两棵树是完全相同的，每个差异的背后都有原因。既然你已深谙这些原因，解读树木的信息便不费吹灰之力。当你喝下了破除魔法的药水，树木的隐身技能就失效了，它们的秘密将暴露在你面前。

你可以在接下来的一周内再做几次这样的练习，微小的细节能够逐渐打开你周围的世界。树枝的形状或树皮上的模式，会讲述这棵树和这片土地的故事。

假设你正在街上行走，正好路过几棵树，对于大部分人来说，它们只是绿色的背景，而你却会停下来观察，试图寻找一些隐藏的信息。30秒过去了，你可能仍一无所获。当你想要放弃时，请安抚自己焦躁的情绪，克制想要继续前行的冲动，静下心来仔细观察。这时，你注意到有棵树看起来与其他的略有不同。

它们之间的差异何在？或许它比其他的树矮，是最小的一棵。这意味着什么？这几排树长在同一条繁忙的大街上，但你所在的位置离小巷的拐角处最近。你观察的那棵树之所以比其他的树矮小，是因为它的根被大街和小巷包围。它的叶子不如其他的树那么丰满，有的还略带黄色。它的根部无法获取所需的水分或营养，叶子正在受苦。小巷中呼啸而过的风刮掉了它一侧的叶子。

当我们意识到自己会发现这些细节，我们便开始真正地观察树木，而从中获得的满足感又进一步培养了这种习惯。不久之后，急于前进的冲动就被另一种渴望所取代——在每棵树前驻足，让周遭的世界暂时等待。当你试图唤醒街上行色匆匆的路人，让他们暂停下来观看这些有趣的细节时，你会意识到自己对于阅读树木这门艺术已达到了怎样一种狂热的程度。

○ 终曲
读懂树木的密语

在撰写本书期间，我在意大利北部的博洛尼亚工作了一段时间。有一天，我从比登特河出发，徒步前往亚平宁山脉山麓地带的一座分水岭。虽然我没有这个地区具体的地形图，但我脑中却携带着世界上最美的地图。

闲逛一阵之后，我一时兴起，想要触摸河里的水。我循着公路桥下潺潺的流水声走去，想要寻找一条可以安全抵达河边的小径。这时，有一辆汽车路过，后视镜上挂着一个包。这往往是垂钓爱好者的标志。他们有时会把鱼饵袋挂在外面，以隔绝臭味。没人比当地的垂钓者更了解通往水边的最佳路线。不久之后，我便发现了一条泥泞的小路。

在河边，我遇见了喜水的黑杨。我喜欢观察河岸两边树木的差异。自然形成的河流总是蜿蜒流淌，它直线流动的距离永远不会超过其自身宽度的十倍，总是在一段距离后便自然弯曲。

湍急的水流侵蚀了凹岸，泥沙在凸岸沉积，从而改变了每道河岸的外观。我站在凸岸的浅滩上，这里散落地生长着几十棵杨树苗，大多齐膝高，在鹅卵石的缝隙奋力生长，河流为它们提供了肥沃的新土。远处河岸边的杨树高大挺拔，直插云霄。可以看到，凹岸上生长的植物更年长，而凸岸上的植物更年轻——河水冲刷侵蚀了凹岸上的植物，但为凸岸的植物提供了一片苗圃。

我在水边驻足而望，欣赏着同一片苗圃里生机勃勃的野花。我的目光落在欧白英明黄色的花药和深紫色的花瓣上，一抬头便看到了河对岸的杨树，其中最壮观的那棵树当下的样貌告诉我，今天是充满挑战的一天。

我绕过一片耕地，在守卫着建筑物和葡萄园的柏树之间穿行。9月的空气中弥漫着葡萄的香甜，还夹带着柏树的清香。我开始向上攀登，随着地势渐渐陡峭，地面变得有些滑，有好几次都站立不稳，还不小心被锋利的石头划破了手腕。结果花了好几分钟，我才找到最合适的路线——既能依靠土壤中的树根稳固支撑，又能避开那些低矮树枝的干扰。

大约一小时后，我发现了一条动物踏出的小径，沿着这条小径来到了一个开阔之处，这里可以俯瞰两个山嘴[1]间一个深深的盆地。一片茂密的绿色土地，从两个山峰之间的鞍部一直延伸到下面的山谷。我惊讶地看着那片区域——那里一棵树也没有。树木都矗立在两旁，甚至更高的地方。这块区域显然不是耕地——它太高太陡，外观看起来也不对。这里的土壤非常适合树木生

---

[1] 山嘴，指山脚突出的尖端和山口。

长，附近长势良好的树木也证明海拔不是问题，却没有一棵树长在这里，背后一定另有原因。

几分钟后，我找到了答案。我看到左侧约一百米远的地上有一道可怕的伤疤，从边缘往下看，能看到一大片裸露的红褐色泥土，上面布满了锯齿状的巨石。显然，最近发生了一次山体滑坡。没有树的土地，要么人人争抢，要么无人问津。我之前看到的那条绿色带状区域，由于山坡陡峭，树木被难以想象、无法阻挡的泥石流摧毁。虽然草本植物和其他小型植物已经开始重新生长，让这里再次充满绿色的活力，但树还没有生长起来。在接下来的几个小时里，我越发谨慎留意自己脚下的每一步。

再往高处爬一点，眼前橡树的高度远不及山谷中被常春藤覆盖的同类。继续往上，橡树完全不见了踪影，取而代之的是针叶树。几棵茂密的松树在冷杉上探出头来。我继续向山顶前进，直到松树让位于一丛丛欧洲刺柏。此处阳光炙烤，空气干燥，热浪逼人。针叶树的树冠让我的视野变得开阔，我第一次看清了周围风景的全貌。我在一棵长势较好的欧洲刺柏下面找到了一小片阴影，坐了几分钟，以便更好地研究土地和天空的特征。然后，我注意到了一些令人担忧的迹象。

今早出发时我看到的那几片温和的积云已经变厚，它们在遥远的山脊上越攀越高。现在，天空中出现了一层越来越厚的乳白色卷层云，而飞机在高空中留下的凝结尾迹，那些细长的白色云朵，也变得越来越长。所有的迹象都在表明：天气正在发生变化。

随后，我感觉到了阵阵微风。前面山脊上宽阔的积云也在迅速变化，每分钟都在上升。这是一个更紧急的迹象，表明空气不稳定，很可能会有风暴。现在不是继续往高处走的时候。不以到达山顶或其他固定地点为目标是一种自由——它让人更容易做出明智的决定。我喝了瓶水，拍了些照片，匆匆向山下走去。

其实，河边那株高大的杨树在几个小时前就预示了这一切。它的南侧有更多更大的树枝，整个冠形经历了几十年来盛行的西南风的雕琢。但当我从欧白英的花朵上抬头望去时，我看到的却是那棵树正在对抗不常见的风。这棵杨树树形凌乱，树冠被阵阵东北风吹得扭曲变形，与长期的趋势相背。这棵杨树仿佛在低声告诉我，坏天气即将来临，我那天到不了最高的地方了。

就是这样，这些树向我们传递着我们需要知道的信息，我们可以去更好地解读它们。之后，我伴着雷声回到山谷，坐在一棵柏树桩上，带着感激的微笑摘掉衣服上的针叶，感到心满意足。

树种识别

我在这里提供一些小窍门,如果你是识别树种的新手,希望它们对你有帮助。不过,先要提个醒,这份指南仅罗列一些能够帮助你区分树种的特点。

树种繁多,科属内部也是这样。如果想要给你遇到的每一棵树或某一个树种编写一份可靠的指南,或是编写一份能在全世界范围内通行的简明指南,是不可能的。我想提供一些在大部分情况下都有帮助的线索。

如果你想更深入地了解某一地区的树木或某个树种——这对于享受识别本书中大部分的标志和模式是不必要的——在本书之外,我建议你使用你所在地区的专业识别著作。[若是在美国,我推荐《西布利树木指南》(*The Sibley Guide to Trees*)和《美国奥杜邦协会北美树木手册》(*National Audubon Society Trees of North America*);若是在英国,我推荐《柯林斯英国树木大全》(*The Collins Complete Guide to British Trees*)。]

阔叶树

1. 桤木属

小树（红桤木[1]很高大）。

在冬天有很显眼的果序和柔荑花序。

叶片椭圆有锯齿，背面呈浅绿色。树根上有硕大的树瘤。

嫩芽、叶子和树枝互生。

常见于水边。

2. 梣属

梣木很高大，但很少是区域内最高的。

树干上往往有树杈。

树冠外缘的树枝向上伸展。

花朵通常没有花瓣（风媒传粉，不需要通过花瓣吸引昆虫）。早春时节，花朵在叶子萌发之前盛开。

羽状叶片：成对的小叶相对排列在绿色的茎秆上。

果实为翅果，一簇簇地悬挂着。颜色起初为绿色，逐渐变为棕色。

嫩芽、叶子和树枝对生。

常见于湿润但不潮湿且营养丰富的地方，特别是在地势较低的山谷斜坡上；靠近河流，但通常离水边有一段距离。

---

1 红桤木有美国桤木、赤桦、黄金桤木等别名。

3. 水青冈属

树形高大。

树皮光滑呈灰色。

嫩芽修长纤细而挺拔。

卵形单叶。

叶片上有独特、笔直的平行侧脉,从中间的主脉延伸到叶片的边缘。

所结坚果有锋利边缘,包裹于带刺外壳之中。

树荫很浓密,其他植物很难在其下面生长。

干枯的棕灰色叶子可以在树上停留一整个冬天(枯而不落)。

嫩芽、叶子和树枝互生。

喜欢干燥或排水良好的土壤,在白垩土上生长。通常在森林中群居。

4. 桦木属

小型树,但不寻常之处在于它可以长到中等高度(因为它们大多生长在开阔地带,无需与其他树种抢夺阳光)。

树枝纤细。

树皮总是很显眼,不同品种的颜色不同,有白、银、黑、黄等颜色,引人注目。树皮上有水平线(皮孔),越靠近树干底部,通常会越粗糙。

叶片:单叶,卵形,末端尖锐,边缘有锯齿。

灰桦、垂枝桦的树枝向下生长，纸皮桦、毛桦的树枝则更为直挺。

嫩芽、叶子和树枝互生。

一种典型的先锋树种，在林地边缘、空地和高纬度地区都很常见。

5. 樱属

有些种类长得相当高，但很少是区域内最高的树。

树皮呈深灰或红褐色，光滑且有光泽，年轻的树几乎都有金属般的光泽；有独特的水平粗糙线条（皮孔），老树的线条更粗糙。

树枝被碾压时会散发出苦杏仁的气味。

宽大椭圆的叶片上有锯齿，悬挂于长长的略带红色的茎秆上。

靠近叶片一端的叶柄会膨大（蜜腺）。

春天绽放白色或粉色的花。每朵花有 5 个花瓣。

红色果实有大大的果核，在被鸟类和其他动物取食之前很容易识别。

嫩芽、叶子和树枝互生。

常见于花园、公园以及林地边缘。

6. 栗属

（1）欧洲栗

成熟的树皮有垂直的隆起，灰色且带有明显的沟痕。

长而窄的叶子上有锋利的锯齿叶缘和一个长长的叶尖。

带刺的壳斗包裹着个头硕大且可食用的坚果（通常是3个）。

（2）欧洲七叶树

高大而宽阔的树。

叶片有锯齿，是独特的手掌状形态：像一只展开的手。

花生长在垂直的穗状花序上。

带刺的果实包裹着有光泽的棕色种子。

7. 山茱萸属

小树，通常更像是一种灌木。

叶片卵形，边缘光滑并呈现细微的波浪起伏。侧脉从基部向上弯曲，直至几乎与主脉平行。

开浅色花，结簇状浆果。

嫩芽、叶子和树枝对生。

常见于小路两旁、林地边缘和树篱。

8. 接骨木属

灌木状，或者最多长成一棵小树。

叶片通常每组5片，羽状复叶对生，最后一片在末端，碾碎后会散发出特殊气味。

折断的树枝中间有白色的髓。

粗糙、软质的树皮上有板状鳞片。

初夏开白花，秋天结出可食用的黑色浆果。

嫩芽、叶子和树枝对生。

在营养丰富的土壤中茁壮成长。

9. 榆属

有小树，也有大树。

品种繁多。

叶片：卵形，有齿，短柄。它们的基部，即茎与叶子连接的地方，具有标志性的不对称，叶子两侧看起来不相同。

花朵浓密簇生。

自荷兰榆树病发生以来，高大的榆树在英国就不那么常见了。

嫩芽、叶子和树枝互生。（小树枝可呈鱼骨状外观。）

果实是扁平、圆形，带有纸质翅膀的种子。

在凉爽、湿润以及营养丰富的地区茁壮成长，特别是在水边、河漫滩和沿海地区。

10. 山楂属

小树。

顾名思义，它们都有刺。[1]

极其多样化，有很多种类。

叶子长在长长的枝条上，通常有许多裂片，形态复杂。

红色的果实。

粗糙的树皮。

嫩芽、叶子和树枝互生。

低调而坚韧的树，在树篱、山顶以及树线附近都长势良好。

11. 榛属

小树（在美国西部），或呈灌木状，有凌乱而繁杂的茎秆。

又大又圆的叶子上长有双齿（大的锯齿上带有较小的锯齿）。

早春可见黄色羔羊尾状的柔荑花序。

榛树于夏末结果，果实被小叶片包裹，到秋天会变成棕色。

嫩芽、叶子和树枝互生。

常见于树篱、林地边缘、岩质边坡和灌木丛林。

12. 山核桃属

奇数羽状复叶，通常有 5 片，有时是 7 片或更多。

硕大的绿色假核果三三两两成为一簇，包裹着可食用的，通常是四边形的坚果。

---

[1] 山楂英文名为 Hawthorn，后半部分的"thorn"意为"刺"。

在春天，黄绿色或淡红色的变态叶[1]悬挂于新生枝条之下。

嫩芽、叶子和树枝互生。

被星状绒毛，发育成熟的鳞皮山核桃有卷曲的条形树皮，广泛分布于美国东部。

13. 冬青属

小型常绿树，但在某些情况下可能会长得较为高大。

叶子有光泽，深绿色，带刺。

低处的叶片比较多刺，树顶附近的叶片可能比较光滑。

红色果实。

灰色树皮，直到老年依旧光滑。

长在林地树冠层下的阴凉处，也见于树篱、公园和花园之中。美国的种类通常长于沙质土壤。

14. 椴属

大树，圆形树冠。

椴树的树枝通常有"停止—开始"的生长模式，即主枝在生长一段时间后停止，由侧枝重新开始生长，朝着略微不同的方向拱起。这种效应同样能在其具有之字形外观的嫩枝上见到。

长长的茎秆上长着精致的带锯齿的心形叶片。

---

1 由于功能改变所引起的形态和结构都发生变化的树叶。

叶片基部，即其与茎梗相接处通常是不对称的。

花香馥郁。

树干基部附近很有可能长出嫩芽。

嫩芽、叶子和树枝互生。

常见于肥沃之地。

15. 二球悬铃木

高大的树。

非常独特的带有伪装风格的树皮。

每片叶子上都有 5 个尖尖的裂片。

春天萌发的圆球形柔荑花序，在秋天成熟为棕色的球形、絮状果实，可以挂果一整个冬天。

嫩芽、叶子和树枝互生。

在乡镇和城市中很常见。

16. 槭属

高大的树，但很少是该地区最高的树。

叶子上有几个裂片，通常有 5 个，但形状千变万化。

树枝有朝天空生长的倾向。

花小、丛生，通常是先花后叶。

独特的果实结构，具有鳞茎状的末端和扁平的纸翼，有人认为像直升机，有人则认为像钥匙。

嫩芽、叶子和树枝对生。

17. 栎属

高大宽阔的树。

包含多个种类,有些为常绿树。所有橡果都很容易辨识。

叶子多数有裂片,但并非全部。

嫩芽、叶子和树枝互生。

18. 杨属(包括山杨)

相当高的树,有许多不同的变种。

颤杨叶子有灵活的叶柄,在微风中格外飘逸。

银白杨叶片上覆盖着白色绒毛,长着短而白的茎。

要当心高高瘦瘦的钻天杨,它们就像是一枚薄底座的火箭,大老远就能看到。

嫩芽、叶子和树枝互生。

19. 胡桃属

修长的叶子边缘光滑,顶端短而尖。

一根茎梗上长有 5~25 片不等的复叶。

当叶子被碾碎之后,会产生一种强烈的辛辣气味。

有些品种能结出硕大的球形绿果(其中包裹着可食用的坚果)。

折断的树枝中间有髓。

冬天，小树枝上有落叶后留下的马蹄形疤痕。

野生胡桃树下的土壤有时是光秃秃的，因为它们用毒药来消灭竞争对手（植物相克）。

嫩芽、叶子和树枝互生。

20. 柳属

有些是灌木，有些则是小型到中型的乔木。

大部分都有长而窄的叶片和白色的主脉。（值得注意的例外：黄花柳，它的叶片更宽、更椭圆，叶子顶端常卷曲。）

单个的苞芽与嫩枝平行，并紧紧地簇拥着它。

小枝条很柔韧，像鞭子。

嫩芽、叶子和树枝互生。

常见于水边，经常能看到沿河流和小溪分布。

针叶树

我们经常从远处就能辨认出针叶树，但即便你站在它旁边，可能也很难确定自己所看到的是哪种针叶树。

除非另有说明，下面所有的针叶树都是常绿的。

21. 雪松属

高大的树。

深绿色的松针，似乎是从簇状的树枝中爆发出来。

硕大、直立、桶状的木质球果朝上生长。

芳香的心材（如果暴露出来）。

原产于干燥地区，但被作为公园和大型花园的特色树种广泛种植。

雪松树枝的不同形态有助于我们识别具体的品种。北非雪松有向上的树枝，黎巴嫩雪松有水平的树枝，喜马拉雅雪松有下垂的树枝。不过，这些都是相对的。通常情况下，靠近顶部的树枝更向上生长，而靠近底部的树枝更下垂。喜马拉雅雪松是少数有明显下垂树冠的品种之一。

黎巴嫩雪松看起来好像有几十只胳膊，每一只胳膊都托着一盘水平生长的树叶。西部红雪松（北美乔柏）和北部白雪松（北美香柏）来自不同的属（崖柏属），它们有平展、多枝的鳞状片，比起其他雪松，更像是北美扁柏。西部红雪松有红色的树皮和叶子，碾碎后闻起来有菠萝的味道。北部白雪松的叶子下面有白色的条纹，西部红雪松则没有。

22. 柏木属

高大的树，虽然经常在花园里被修剪得很小。

圆球状果实，相对较小，每个鳞片中心有一个尖状凸起。

扁平的蕨状叶，许多小叶片略有重叠。

嫩枝被扁平的叶子覆盖，很难看到。

地中海柏木在温暖而干燥的气候中是一个高大而骄傲的圆柱体。

北美扁柏的顶部主梢常常会弯曲。

23. 冷杉属

平刃型叶片，末端圆形，不尖锐。叶片触感柔软，易弯曲。

大部分针叶树的球果倾向于朝下生长，但也有一些例外——雪松和几乎所有冷杉的球果都直指苍穹。

花旗松能长得笔直且高大，其树枝伸展后向上生发。不同寻常的是，它们的球果朝下生长。树皮粗糙。

（在这里，我想分享一个我个人用来记住这种树的技巧。花旗松的球果在每个种鳞边都有一个苞鳞，苞鳞的顶端呈三裂状，这些苞鳞就像一顶高高的王冠。强大的花旗松是树木之王，它的每个种鳞都有一顶王冠。）

24. 铁杉属

高大的树。

所有的叶子都比一般的针叶宽，但有些叶子明显更小，并且指向不同的方向。

树枝看起来很凌乱。

叶片的末端为圆形，正面黑色有光泽，背面有两条白线。

蛋形的球果向下生长，长着宽阔的种鳞。

在降雨量大的地区很常见。

25. 刺柏属

小树,看起来像一种长有尖刺的灌木。

尖尖的针叶被分为三丛。叶片呈蓝绿色,有香气,碾碎后能闻到琴酒(杜松子酒)的气味。每片针叶上都有一条浅白色的蜡质线。

树枝从很低的地方向下生长,先靠近地面,再向上生发。

坚硬的绿色球果会变成深蓝色,并带有一层白色的树脂状粉末。

纤薄而易剥落的树皮让细小的树干看起来很凌乱。

刺柏遍布整个北半球,但主要分布在阳光充足的地方。它比其他大部分针叶树更能在高海拔地区生存。

26. 落叶松属

高大的落叶树。

一束束针叶团簇在枝条之上。

只有常见的结球果的树在冬天落叶,留下疙疙瘩瘩的树枝。

在森林的地面上经常能看到一块由干枯针叶铺成的地毯。

球果小,直立。

叶色比其他大部分针叶树更浅;随着夏天的推移,它们的颜色会稍微变深;秋天临近,它们会呈现出一丝黄色或橙色。

喜光,喜欢朝南的斜坡,不会生长在浓密的树荫之中。

27. 松属

松针一般是两针、三针或五针一束。针叶瘦长而柔韧。

比较高大的树会脱落低处的树枝,导致树干下部光溜溜的,看起来头重脚轻。

二针松有矮胖的圆形松果,三针松有硕大的球状松果,五针松有圆柱形的松果。

松果的种鳞在晴朗的天气开启,在潮湿的日子闭合。

欧洲赤松——松针两针一束,像螺旋一样微微扭曲。蓝灰色的叶子。树皮呈橙色,枝干越高颜色越深。

意大利松(伞松)——像一把阳伞。

欧洲黑松——黑色树皮。

辐射松——松针三针一束。

松果很坚硬,不容易弯曲(不过有些五针松的松果比较柔软)。

多数松果的种鳞中央有小凸起。近距离看,就像一座座小山:"松果都是阿尔卑斯山。"[1]

28. 云杉属

树形高大,呈圆锥状。

云杉的叶子比针形叶更平展,你可以捻一下叶子,感受它的

---

[1] 原文 Pine cones are Alpine,因阿尔卑斯山"Alpine"中包含"pine",故有此说。

侧边，有点像转动木制铅笔的手感，硬邦邦的。（冷杉的叶子太平了，没有这种感觉。）

球果的长度明显大于宽度，悬挂在树枝上，指向下方。它们的鳞片比松果薄，更像鱼鳞。整个球果比其他针叶树的果实更柔软、富有弹性。

如何区分冷杉与云杉

冷杉叶子的尖端比云杉软。试着揉捏一把树叶，如果手上有轻微的刺痛感，那么是云杉的可能性比较大。

试着从小树枝上摘下一片叶子。叶子脱落的方式可以提供一条线索：云杉会在叶子底部留下一段很小的"残余"，冷杉则不会。

云杉的叶子向茎秆方向弯曲；冷杉的叶子从茎秆上散开，"冷杉的叶子走得很远。"[1]

29. 红豆杉属

成长初期长得小，但其寿命绵长且生长缓慢，最终可以达到令人赞叹的高度。

扁平柔软的深绿色小叶片，使红豆杉看起来有点儿黑乎乎的。叶子底部的颜色较浅，没有白线。

---

1 原文 Fir leaves go far，"fir"与"far"音近，故有此说。

易剥落的红棕色树皮，形态复杂的树干。

亮红色的假种皮包裹着种子。

树冠之下几乎是令人压抑的黑暗。

浅色边材里的年轮难以辨认，在颜色较深的心材里可以看到。

因为易于修剪，作为树篱很受欢迎。

除了以上这些提示，请记住我们随时可以运用前面所学的技巧来帮助自己了解树形、生长地与科属是如何关联的。这可以消除许多疑虑。例如，按照对阳光的需求度，从强到弱来排列依次是：松树、冷杉、云杉、铁杉。

还有一条规则：树叶长得越低，对光照的需求越低。

如果一棵高大的针叶树有很多很低的树枝，它更有可能是一棵耐阴的铁杉，而不是喜欢阳光的松树。

最后，我还有一个古怪的建议：请和你经常看到的针叶树交朋友，这真的很有帮助。当你走在熟悉的路上发现一种特定的针叶树时，记得跟它打个招呼："你好，云杉。""你好，松树。""你好，冷杉。"虽然很奇怪，但这么做会提高你对它们的熟悉度和认知度。

信息来源

魔法不在名字里

树有成千上万种：P. Thomas, *Applied*, p.15.

一棵树就是一张地图

针叶树的绿色比阔叶树要深一些："How the Optical Properties of Leaves Modify the Absorption and Scattering of Energy and Enhance Leaf Functionality", S. Ustin and S. Jacquemoud, 2020: https://link.springer.com/chapter/10.1007/978-3-030-33157-3_14

关于导管冻结，有几个有趣的例外：R. Ennos, p.34.

山坡上的针叶树击败了阔叶树，但它们很容易受到风的伤害：T. Kozlowski et al., p.426.

落叶松：Prof. Otta Wenskus, personal correspondence: 29/01/21.

太平洋西北部是火灾易发区，花旗松在这里击败了大部分竞争者：T. Kozlowski et al., p.413.

它们肥厚且带有蜡质的叶子和根系可以抵抗盐分：P. Thomas, *Trees*, p.23.

我们看到的树形

尽管树种成千上万，但基本树形只有 25 种：*F. Hallé et al.*

树的共同之处在于能够经年累月地保持树干的高度：P. Thomas, *Applied*, p.6.

聪明的树解决问题，明智的树避开问题：这是一句广为流传的名言改编，常被归功于爱因斯坦，但其出处并不明确。

"斩首行动"会使树篱更加茂密：T. Kozlowski et al., p.12.

这也是商业种植者让圣诞树变得更茂密、更粗壮的方式：T. Kozlowski et al., p.497.

多数叶片在光照大约只有 20% 的情况下就已经在全力以赴地生长了：R. Ennos, p.59.

年轻的松树严守纪律，具有良好的对称性和匀称的金字塔形状：H. Irving, p.76.

消失的树枝

包括桤木属和柳属在内的树种：P. Thomas, *Applied*, p.380.

这解释了为什么许多树都长有长短两种树枝：P. Thomas, *Trees*, p.203.

有些树的"眼睛"上方有一条类似眉毛的曲线：P. Wohlleben.

防御者树枝：P. Thomas, *Applied*, p.90.

水芽：T. Kozlowski, p.489.

树枝就像是被迫以不利于工程稳定性的角度生长的小树干：C. Mattheck, *Stupsi*, p.96.

青铜时代的斧柄：R. Ennos, p.45.

风的足迹

树根通常在倒下的一侧（顺风侧）折断：P. Thomas, *Trees*, p.290.

竖琴树：C. Mattheck, *Stupsi*, p.15.

凤凰树：B. Watson, p.177.

树干的身材管理

计算年龄：A. Mitchell, p.25.

一棵树会在不同的高度分生出许多树枝：ed. J. P. Richter.

约翰·斯米顿：H. Irving, p.10.

波浪状凸起是树干腐烂的迹象：C. Mattheck, *Stupsi*, p.42.

因为树干上有伤口，为病菌提供了通道：C. Mattheck, *Stupsi*, p.39.

圆润平滑的脊，表明树木已经愈合：C. Mattheck, *Body Language*, p.182.

拉伸力导致水平方向的裂缝：C. Mattheck, *Body Language*, p.183.

霜冻造成的裂缝通常是垂直的：P. Thomas, *Applied*, p.358.

林中低矮的树为了获取更多光照，则是向山坡外侧生长：P. Thomas, *Applied*, p.105.

A：枝皮脊，B：强有力的 U 形，C：较弱的 V 形，D：树皮对树皮的接合——

B. Watson, p.201.

树桩观察指南

如果树皮紧致，与木材紧密贴合，那么这棵树还有可能存活：P. Wohlleben, p.29.

树木腐烂的区隔化：B. Watson, p.211.

这就是原木被分割成类似蛋糕形状的原因：R. Ennos, p.39.

干旱等外部压力可以改变心材的形状：R. Hörnfeldt, et al., "False Heartwood in Beech Fagus sylvatica, Birch Betula pendula, B. Papyrifera and Ash Fraxinus Excelsior—an Overview", *Ecological Bulletins* No. 53, (2010), pp.61-76.

一把完美的长弓同样也结合了边材和心材：R. Ennos, p.118.

有理论认为，这可能与气候变化有关：M. McCormick, et al., "Climate Change during and after the Roman Empire : Reconstructing the Past from Scientific and Historical Evidence", in *The Journal of Interdisciplinary History,* Vol. 43, No. 2, The MIT Press (2012), pp.169-220.

生长季后期，形成层细胞的活动逐渐减弱：T. Kozlowski, p.7.

在热带地区，由于树木全年都在生长：P. Thomas, *Applied*, p.38.

松木富含树脂，闻起来有一种宜人但辛辣的气味：P. Thomas, p.239.

针叶树的树桩容易从外向内腐烂，阔叶树则是从内向外腐烂：T. Wessels, p.136.

树根的隐秘生活

盘子形、铅锤形、心脏形和旋塞形：P. Thomas, *Applied*, p.151, citing Kostler et al., 1968.

核桃树的根系发达：Pavey, p.29.

松树生命中的大部分时间：C. Mattheck, Stupsi, pp.60-61.

如果降水较多，年平均降水量在 250~400 毫米：T. Kozlowski, p.227.

迎风侧的树根处于拉伸状态：C. Mattheck, *Stupsi*, p.64.

如果你想给一棵树浇水施肥：B. Watson, p.152.

如果裂缝蔓延并形成以树干为中心的半圆形：C. Mattheck, *Stupsi*, p.67.

针叶树的根部对水浸更敏感：P. Thomas, *Applied*, p.378.

当你发现树根浮出地面：P. Wohlleben, p.12.

间奏　如何观看一棵树

一种由认知引发的求知欲: in "The Psychology and Neuroscience of Curiosity", C. Kidd and B. Y. Hayden.

多变的树叶

水青冈和槭树喜欢这种模式: P. Thomas, *Applied*, p.90.

缩短叶柄，使高处的叶子更贴近树枝: P. Thomas, *Trees*, p.209.

我知道的最合乎逻辑的解释认为: V. Kuusk, Ü. Niinemets, and F. Valladares, "A major trade-off between structural and photosynthetic investments operative across plant and needle ages in three Mediterranean pines", *Tree Physiology* (2017).

研究人员发现，炎热或寒冷所带来的压力不会杀死植物: D. Manuela and M. Xu, "Juvenile Leaves or Adult Leaves : Determinants for Vegetative Phase Change in Flowering Plants", *International Journal of Molecular Sciences*, Vol. 21, No. 24 (2020) : 9753.

无论母树有多老，修剪枝条都会使其萌发幼叶: P. Thomas, *Trees*, p.27.

油橄榄和桉树虽然原产于不同的地区: P. Thomas, *Applied*, p.364.

绿色通常与叶绿素相关: newscientist.com/lastword/mg24933161-200-why-are-tree-leaves-so-many-different-shades-ofmainly-green.

微小的绒毛能锁住一层薄薄的空气: P. Thomas, *Applied*, pp.255–256.

许多果树和坚果树都长有蜜腺: *Oxford Tree Clues Book*, p.12.

杜鹃花的叶子在寒冷的天气中会卷曲下垂: P. Thomas, *Trees*, p.20.

树皮之书

悬铃木的树皮非常特殊，颜色也不同寻常: Cohu, p.165; "reversed leopard", H. Irving, p.48.

光滑意味着纤薄: P. Thomas, *Trees*, p.63.

有些树种的树皮很薄: P. Thomas, *Trees*, p.25.

这在年轻的梣木中很常见: P. Thomas, *Applied*, p.42.

红色或紫色的树皮，尤其是树皮还富有光泽: B. Watson, p.70.

晚期变化: P. Thomas, *Applied*, p.43.

18 世纪的瑞典博物学家: Johnson, p.87.

树木的压力定位器：C. Mattheck, *Body Language*, p.172.

这种差异在树皮较厚的树上最明显：C. Mattheck, *Body Language*, p.172.

这可能是树准备切断树枝的迹象：C. Mattheck, *Body Language*, p.24.

隐藏的季节

花青素有助于保护幼叶免遭直射光的伤害：T.J. Zhang et al., "A magic red coat on the surface of young leaves : anthocyanins distributed in trichome layer protect Castanopsis fissa leaves from photoinhibition", *Tree Physiology* Vol. 36, No. 10 (October 2016) : pp.1296–1306.

早春时期的树叶比较稚嫩：P. Thomas, *Trees*, p.32.

威斯康星州，克兰登地区：silvafennica.fi/pdf/article535.

异位……短时落叶……冬季的绿色：K. Kikuzawa and M. J. Lechowicz, "Foliar Habit and Leaf Longevity", in "Ecology of Leaf Longevity", Ecological Research Monographs, Tokyo: Springer, 2011.

越靠近海岸，夏天越温和湿润，这里的树越有可能整个夏天都枝繁叶茂：E. S. Bakker, p.74.

时代的气味：S. A. Bedini, "The Scent of Time : A Study of the Use of Fire and Incense for Time Measurement in Oriental Countries", Transactions of the American

落叶树的叶子在零度以下只能苦苦挣扎：T. Kozlowski, p.183.

糖枫：T. Kozlowski, p.174.

1931年至1932年，在经历一个异常温和的冬天之后：T. Kozlowski, p.182.

像"五月花"这样的桃子品种：T. Kozlowski, p.183.

小树对光线的变化更敏感：P. Thomas, *Applied*, p.99.

欧洲赤松和桦树比大部分树种更善于感知昼夜长短的变化：T. Kozlowski, p.160.

橡树和梣木都在晚春萌芽：R. Ennos, p.34.

每个树种内部都会存在遗传变异：O. Rackham, Helford, p.81.

一直不落叶是为了在春天生长之前：P. Thomas, *Trees*, p.31.

如果在秋天因霜冻失去叶子：P. Thomas, *Applied*, p.100.

由于破纪录的高温和缺水，树木提前落叶：https://www.telegraph.co.uk/environment/2022/07/27/uk-weather-england-records-driest-july-century/

路灯：Kramer, from T. Kozlowski, p.160.

树上不同位置长出嫩芽的时间也各有差异: T. Kozlowski, p.173.

生长于开阔地带的先锋树种: P. Thomas, *Trees*, p.33.

硫黄雨: H. Irving, p.157.

吸引鸟类的花朵以红色居多: M. A. Rodríguez-Gironés and L. Santamaría, "Why are so many bird flowers red?", PLOS Biology, Vol. 2, No. 10 (2004).

生命的十个阶段: P. Raimbault, "Physiological Diagnosis", Proceedings, 2nd European Congress in Arboriculture, Versailles, Société Française d'Arboriculture (1995).

早期的林地有充足的阳光，能促进小型植物、昆虫和鸟类的繁衍: Wytham Woods, p.72.

遗失的地图

树在大自然当中随处可见: P. Thomas, *Applied*, p.285.

"针叶林意味着贫瘠": J. Lewis-Stempel, p.74.

想一想教堂顶部的钟楼: Naylor, p.171.

树木通过树荫为空气及树下的土地降温: P. Thomas, *Applied*, p.9.

加利福尼亚的一项研究发现: Akbari et al., 1997. From P. Thomas, *Applied*, p.9.

针叶树的枯叶要比阔叶树的树叶分解慢得多: T. Kozlowski et al., p.226.

"细腐殖质""半腐殖质"和"粗腐殖质"等类型: forestfloor.soilweb.ca/definitions/humus-forms/

参考文献

Babcock, Barry, *Teachers in the Forest: New Lessons from an Old World*, Riverfeet Press, 2022.

Bakker, Elna, *An Island Called California: An Ecological Introduction to its Natural Communities*, University of California Press, 1985.

Clapham, A. R., *The Oxford Book of Trees*, Peerage Books, 1986.

Cohu, Will, *Out of the Woods: The Armchair Guide to Trees*, Short Books, 2007.

Edlin, Herbert, *Wayside and Woodland Trees: A Guide to the Trees of Britain and Ireland,* Frederick Warne & Co., 1971.

Elford, Colin, *A Year in the Woods: The Diary of a Forest Ranger*, Penguin, 2011.

Ennos, Roland, *Trees*, Smithsonian, 2001.

Forestry Commission, *Forests and Landscape: UK Forestry Standard Guidelines*, Forestry Commission, 2011.

Gofton, John, *Talks About Trees*, Religious Tract Society, 1914.

Grindon, Leo, *The Trees of Old England,* F. Pitman, 1868.

Hallé, F., R. A. A. Oldeman, and P. B. Tomlinson, *Tropical Trees and Forests: An Architectural Analysis*, Springer-Verlag, 1978.

Hickin, Norman, *The Natural History of an English Forest*, Arrow Books, 1972.

Hirons, Andrew, and Peter Thomas, *Applied Tree Biology*, Wiley-Blackwell, 2018.

Horn, Henry, *The Adaptive Geometry of Trees*, Princeton University Press, 1971.

Irving, Henry, *How to Know the Trees*, Cassell and Company, 1911.

Johnson, C. Pierpoint, and John E. Sowerby, *The Useful Plants of Great Britain*, Robert Hardwicke, 1862.

Kozlowski, Theodore, Paul Kramer, and Stephen Pallardy, *The Physiological Ecology of Woody Plants*, Academic Press, 1991.

Lewis-Stempel, John, *The Wood: The Life and Times of Cockshutt Wood*, Doubleday, 2018.

Mabey, Richard, *Flora Britannica: The Definitive New Guide to Wild Flowers, Plants and Trees*, Sinclair-Stevenson, 1997.

Mathews, Daniel, *Cascade-Olympic Natural History: A Trailside Reference*, Raven Editions, 1992.

Mattheck, Claus, *Stupsi Explains the Tree: A Hedgehog Teaches the Body Language of Trees*, Forschungszentrum Karlsruhe GMBH, 1999.

Mattheck, Claus, *The Body Language of Trees: A Handbook for Failure Analysis*, Stationery Office Books, 1996.

Mitchell, Alan, A *Field Guide to the Trees of Britain and Northern Europe*, Collins, 1974.

National Audubon Society, *National Audubon Society Trees of North America*, Knopf, 2021.

Naylor, John, *Now Hear This: A Book About Sound*, Springer, 2021.

Pakenham, Thomas, *The Company of Trees: A Year in a Lifetime's Quest*, Weidenfeld & Nicholson, 2016.

Pavey, Ruth, *Deeper into the Wood*, Duckworth, 2021.

Rackham, Oliver, *The Ancient Woods of the Helford River*, Little Toller Books, 2020.

Rackham, Oliver, *Woodlands*, HarperCollins, 2010.

Savill, P. S., C. M. Perrins, K. J. Kirby, and N. Fisher, *Wytham Woods: Oxford's Ecological Laboratory*, Oxford University Press, 2011.

Sibley, David Allen, *The Sibley Guide to Trees*, Knopf, 2009.

Steel, David, *The Natural History of a Royal Forest*, Pisces Publications, 1984

Sterry, Paul, *Collins Complete Guide to British Trees*, HarperCollins, 2008.

Thomas, Peter, *Trees: Their Natural History,* Cambridge University Press, 2000.

Thomas, Peter, *Trees*, The New Naturalist Library 145; William Collins, 2022.

Tree, Isabella, *Wilding: Returning Nature to Our Farm*, Picador, 2018.

Watson, Bob, *Trees: Their Use, Management, Cultivation and Biology*, Crowood Press, 2006.

Wessels, Tom, *Forest Forensics: A Field Guide to Reading the Forested Landscape*, Countryman Press, 2010.

Williamson, Richard, *The Great Yew Forest: The Natural History of Kingsley Vale*, Macmillan, 1978.

Wohlleben, Peter, and Jane Billinghurst, *Forest Walking: Discovering the Trees and Woodlands of North America*, Greystone Books, 2022.

致 谢

在我散步的时候，几乎每分钟都能发现一些几年前我还视而不见的细节，我想其他人或许也能享受这种转变所带来的乐趣。但这仅仅是一种模糊的意识，我偶尔会产生写一本书的念头。从决定的那一刻开始，创作就变成了一种合作的过程。

在着手筹备这本书的初期，我与我的文学经纪人索菲·希克斯，以及我的英国出版商鲁伯特·兰卡斯特和美国尼古拉斯·西泽克有过不少交流。"市面上已经有很多优秀的书籍讲述了树上那些肉眼不可见的奇迹，"我说，"而我想要写的，是我们能看见的部分。"谢谢你们，感谢你们支持这个简单的想法，以及你们所做的十分专业的工作。正因为有了你们，写作这本书的每一个环节都成了一种享受。

感谢赛普特（Sceptre）和 The Experiment 的团队，尤其是马修·洛尔、席亚拉·蒙吉、丽贝卡·蒙迪、詹妮弗·赫根罗德、海伦·弗洛德、多米尼克·格里本和玛雅·康威。此外，还要感谢尼尔·高尔为本书提供的精美插图，以及黑泽尔·奥姆在最后阶段给予的专业协助。感谢莎拉·威廉姆斯和莫拉格·奥布莱恩在幕后所做的重要工作。

撰写一本书要付出很多努力，但也有很多乐趣和惊喜。对我来说，最大的乐趣在于发现新的迹象、结交新的朋友和伙伴。当我遇见某个志同道合的人，他向我揭示一条新线索，或是提供一个看待旧事物的新视角，这种双重的喜悦是我永远珍视的财富。对于那些为我带来这些快乐的人们，我要特别致谢，尽管此处仅能列举几位：伊莎贝拉·特里、科林·埃尔福德、斯蒂芬·海顿、莎拉·泰勒、阿拉斯泰尔·霍奇基斯。感谢你们与我见面，并分享了自己的经历。我尤其要感谢彼得·托马斯，感谢你抽出时间来见我，帮助我完成这本书，也感谢你出色的研究和创作。

感谢我的家人，感谢我的妹妹西沃恩·玛钦和我的表妹汉娜·斯克拉斯，你们睿智的反馈对我弥足珍贵。

感谢所有来参加演讲、课程或阅读我以前的书的人，你们助力了这本书的创作。

我要感谢我的妻子索菲、我的儿子本和维尼，感谢你们的爱和支持，让我始终能够保持专注。每当我要求在散步时暂停片刻，以便仔细察看某个东西时，你们总能理解我、支持我……

当我悄悄接近那些毫无防备的生物时，时间仿佛凝固了。空气里弥漫着紧张的气氛，甚至连小狗也在耐心等待。充分探索之后，我从灌木丛中走出，呼唤家人靠近，分享我的最新成果。描述完那些美妙的新发现之后，我通常会下意识地停顿一下，期待一点小小的认可或反馈。不过，大多数时候，什么都不会发生。接着，不满的低语打破了沉默。三张面孔，三种表情，各自蕴含着不同的意味。不满逐渐升级为嘲讽。这真是个不易取悦的群体。我只好继续探索小径之外的其他事物……

译名对照表

A

acidic soil 酸性土壤
aging effect 老化效应
alder trees 桤木
alternate branches 互生的枝条
American hornbeam 美洲鹅耳枥
apical bud 顶芽
ash dieback fungus 梣木枯梢病菌
ash trees 梣木
aspen 杨树
Atlas cedar trees 北非雪松
auxins 生长素
Austrian pine 欧洲黑松
avenue effect 大道效应

B

bark-to-bark joint 树皮对树皮的接合
beech trees 水青冈
bell bottom trunks 钟形底座
bigeminate leaves 对生叶
birch trees 桦树
bittersweet nightshade 欧白英
blackthorn trees 黑刺李
brambles 荆棘（悬钩子）

branch bark ridge 枝皮脊
branch collar 枝领
Brazilian teak 香豆树
broadleaf trees 阔叶树
browse line 啃牧线
bulge 肿块
burl 树瘤
butcher's broom 假叶树
buttress roots 支撑根

C

cambium 形成层
cankers 溃疡
cedar trees 雪松
cherry trees 樱桃树
chestnut trees 栗树
chlorophyll 叶绿素
chlorosis 萎黄
climax trees 顶极树种
coastal trees 沿海树种
coconut palms 椰树
Compartmentalization of Decay in Trees 树木腐烂的区隔化
compound leaves 复叶

compression wood 应压木
cones and balls 锥体和球体
conifer trees 针叶树
coppicing 矮林平茬
cordate leaves 心形叶
cork oak tree 西班牙栓皮栎
cypress trees 柏树

D

deciduous trees 落叶树
defender branches 防御者树枝
deltoid leaves 三角形树叶
Deodar cedar trees 喜马拉雅雪松
dog's mercury 多年生山靛
Douglas fir 花旗松
downy birch 毛桦

E

ebony wood 乌木
eddies 涡流
elder trees 接骨木
elm trees 榆树
emperors of time 时间的主宰者
empty trees 中空的树
epicormic sprouts 表皮芽
epidermis 表皮
eucalyptus trees 桉树
evergreen trees 常绿树

F

field maple 栓皮槭
fir trees 冷杉
flagging trees 树旗

freezing temperatures 冰点
Fuchsias 倒挂金钟
fungi 真菌

G

genetics 遗传学
geotropism(gravity)向地性（重力）
girdling(ringbarking)环剥（环割）
girth(circumference)of a tree 树木的周长
goat willow trees 黄花柳
gorse bushes 荆豆
grand fir 大冷杉

H

hare and tortoise trees "兔子树"和"乌龟树"
harp trees 竖琴树
hawthorn trees 山楂树
hazel trees 榛树
heart (pith) of a tree 树心（树髓）
heart-shaped roots 心形根
heartwood 心材
height of trees 树木的高度
herb Robert 纤细老鹳草
hemlock trees 铁杉
heteroptosis 异位
hickory 山核桃
holly trees 冬青树
holm oak 冬青栎
hormones 激素
horse-chestnut 欧洲七叶树
Hot-Cold Empathy Gap 冷热同理心差距

I

imparipinnate leaves 奇数羽状复叶
inosculation 接合
Italian stone pine (umbrella pine) 意大利松

J

June drop 六月落果
junipers 欧洲刺柏

L

landmark trees 地标性树木
larch trees 落叶松
lawson cypress 北美扁柏
lebanon cedar trees 黎巴嫩雪松
lemon trees 柠檬树
lenticel stripes 皮孔纹
linden trees 椴树
lined bark 有线条的树皮
lobes 裂片
Lombardy poplars 钻天杨
London plane 二球悬铃木

M

maples 槭树
marcescence 枯而不凋
marine-tolerant species 耐盐物种
mast years 丰年（桅杆年）
mold spores 霉菌孢子
monolayer trees 单层树
multilayer trees 多层树
monopodial growth 单轴生长
monterey pine 辐射松

mulberry trees 桑树
multi-stem trees 多杆树种

N

nettle tree 南欧朴
north temperate zone 北温带
northern white cedars 北美香柏
nurse stumps 保姆树桩
nut trees 坚果类植物

O

oak trees 橡树
olive trees 油橄榄
opposite branches 对生
opposite or alternate 对生与互生
order of branches 树枝的层级
oriental plane tree 三球悬铃木
ovate leaves 卵形叶

P

palm trees 棕榈科植物
palmatipartite leaves 掌状裂叶
patchy bark 斑驳的树皮
patterned bark 带图案的树皮
periderm 周皮
petiole 叶柄
Phellinus robustus fungus 多孔菌
phloem 韧皮部
phototropism (light) 向光性（光照）
phytogeography 植物地理学
pine trees 松树
pioneer trees 先锋树种
plane trees 悬铃木

plasticity 可塑性
plate-shaped roots 盘状根
pollarding 修剪
pollinators 传粉者
poplar trees 杨树
pruning 自我修剪
psychology of perception 感知心理学
Purple Emperor butterfly 紫帝王蝶

R
rain forests 雨林
ramsons 熊葱
retrenchment 紧缩开支
rhododendron 杜鹃花
rhomboid leaves 菱形叶
ridges in the trunk 树脊
ringbarking (girdling) 环剥（环割）
rings in the trunk 树干的年轮
risk-takers 风险承担者
rough meadow-grass 普通早熟禾

S
sap 树液
sapwood 边材
Scots pine 欧洲赤松
seasons 季节
sea kale 海滨两节荠
self-pruning 自我修剪
sessile oaks 无梗花栎
shade tolerance 耐阴影
shallow roots 浅根
shapes of trees 树形
silver birch 垂枝桦

silver fir 欧洲冷杉
sinker-shaped roots 铅锤形树根
Sitka spruce 巨云杉
sphaeroblast on trunk 树干上的球形芽
spiny holly 刺叶冬青
spruce trees 云杉
stag-headed trees 鹿角树
stress map 压力图
stump compass 树桩指南针
sweet chestnut 欧洲栗
sycamore 桐叶槭
sycamore trees 槭树
sympodial branch growth 合轴生长

T
tap-shaped roots 旋塞形树根
temperate rain forests 温带雨林
tension wood 应拉木
terminal buds 顶芽
the cushion created by the trunk 树干长出的垫层
the cork oak 西班牙栓皮栎
the wayfaring tree 绵毛荚蒾
the small hawthorn 单柱山楂
thin bark 纤薄的树皮
top bud 顶芽
Toothwort 欧洲齿鳞草
tracheids 管胞
tree altimeter 树木高度计
Tree of Life 生命之树
tropical forests 热带雨林
Turkey oak 土耳其栎
twisted wood 扭曲的木头

U
U-shaped junctions U 形接合处

V
veteran trees 老树、古树
V-shaped junction V 形接合处

W
western hemlock 异叶铁杉
western red cedar 北美乔柏
walnut trees 核桃树
watersprouts 水芽
wedge effect 楔子效应
white poplar 银杨树
wild cherry tree 欧洲甜樱桃
willow trees 柳树
willow families 柳属

wind shadows 风影（区）
wind tunnel effect 风洞效应
windsnap 风折
windthrow 风倒
wood spurge 扁桃叶大戟
woundwood 伤痕木材

X
xylem cells 木质部细胞

Y
yew trees 红豆杉

Z
zigzag 之字形

青豆读享 阅读服务

帮你读好一本书

《如何阅读一棵树》阅读服务：

- **树木档案** 全书树种实拍图与详细介绍，让你读得更清晰、更明白。
- **作者视频** 作者亲身示范"自然导航"，指引你掌握阅读自然的方法。
- **编辑讲书** 编辑结合本书内容分享阅读树木的亲身体验，助你在日常生活中发现自然乐趣。
- **知识锦囊** 全书树木现象梳理总结，带你轻松读懂树木的语言。
- **实践指南** 可以与家人朋友玩的6个树木游戏，助力你把本书知识用起来。
- ……

（以上内容持续优化更新，具体呈现以实际上线为准。）

每一本书，都是一个小宇宙。

扫码使用配套阅读服务

图书在版编目（CIP）数据

如何阅读一棵树：探寻树木的生命密语 /（英）特里斯坦·古利著；四木译 .-- 上海：上海社会科学院出版社，2025.--ISBN 978-7-5520-4607-6

Ⅰ. S718.4-49

中国国家版本馆 CIP 数据核字第 2024MZ8321 号

HOW TO READ A TREE: CLUES AND PATTERNS FROM BARK TO LEAVES by TRISTAN GOOLEY
Text and photographs copyright © 2023 by Tristan Gooley
Illustrations copyright © 2023 by Neil Gower
This edition arranged with Sophie Hicks Agency Ltd, through BIG APPLE AGENCY, LABUAN, MALAYSIA.
Simplified Chinese edition copyright © 2025 Beijing Green Beans Book Co., Ltd.
All rights reserved.

上海市版权局著作权合同登记号：图字 09-2024-0861 号

本书由上海辰山植物园高级工程师寿海洋老师特约审订。

如何阅读一棵树：探寻树木的生命密语

著　　者：	［英］特里斯坦·古利
译　　者：	四　木
插　　画：	［英］尼尔·高尔
责任编辑：	周　霈
策划编辑：	杜　思
封面设计：	尚燕平
出版发行：	上海社会科学院出版社
	上海顺昌路 622 号　邮编 200025
	电话总机 021-63315947　销售热线 021-53063735
	https://cbs.sass.org.cn　E-mail:sassp@sassp.cn
印　　刷：	北京中科印刷有限公司
开　　本：	880 毫米 × 1230 毫米　1/32
印　　张：	10
字　　数：	199 千
版　　次：	2025 年 3 月第 1 版　2025 年 5 月第 3 次印刷

ISBN 978-7-5520-4607-6/S・004　　　　　　　　　　　　定价：69.80 元

版权所有　翻印必究